U0195909

冯玉雷／著

玉帛之路文化考察笔记

重走万里玉帛之路 挖掘千年文化遗存

上海科学技术文献出版社
Shanghai Scientific and Technological Literature Press

图书在版编目（CIP）数据

玉帛之路文化考察笔记/冯玉雷著．—上海：上海科学技术文献出版社，2016
（玉帛之路文化考察丛书）
ISBN 978-7-5439-7105-9

Ⅰ．① 玉…　Ⅱ．①冯…　Ⅲ．①玉石—文化—中国—古代②丝绸之路—文化史—中国　Ⅳ．① TS933.21 ② K203

中国版本图书馆 CIP 数据核字（2016）第 150753 号

本书由上海文化发展基金会图书出版专项基金资助出版

责任编辑：胡欣轩　王茗斐
装帧设计：有滋有味（北京）
装帧统筹：尹武进

丛书名：玉帛之路文化考察丛书
书　名：玉帛之路文化考察笔记
冯玉雷　著
出版发行：上海科学技术文献出版社
地　　址：上海市长乐路 746 号
邮政编码：200040
经　　销：全国新华书店
印　　刷：上海中华商务联合印刷有限公司
开　　本：889×1194　1/32
印　　张：9.5
字　　数：213 000
版　　次：2017 年 2 月第 1 版　2017 年 2 月第 1 次印刷
书　　号：ISBN 978-7-5439-7105-9
定　　价：56.00 元
http://www.sstlp.com

"玉帛之路文化考察丛书"编委会

顾　　　问：范　鹏　郑欣淼　田　澍　梁和平
　　　　　　王　柠　吴　亮　梅雪林
编委会主任：叶舒宪
委　　　员：叶舒宪　薛正昌　冯玉雷　魏立平
　　　　　　徐永盛　张振宇　赵晓红　杨文远
　　　　　　军　政　刘　樱　瞿　萍
主　　　编：吴海芸
执 行 主 编：冯玉雷
副 主 编：赵晓红　杨文远　刘　樱

　　本丛书是兰州市科技局"基于甘肃省玉矿资源的丝绸之路敦煌玉文化创意产品的开发与推广"阶段性成果。项目编号 2016-3-137

目录

前 言 ……………………………………………………… 001

第一部分　玉帛之路环腾格里沙漠路网考察 …… 001

缘 起 ……………………………………………………… 003

一、2月3日,景泰永泰古城 ……………………… 006

二、2月4日上午,媪围,骆驼客和五佛寺 ……… 010

三、2月4日下午,五佛沿寺,会宁关 …………… 015

三、2月5日,白墩子,营盘水及"北大路" ……… 019

四、2月5日下午,中卫古道,灵州及灵州道 …… 027

五、2月6日,长城,胜金关,石空寺 …………… 034

六、2月7日上午,三关口,贺兰山长城,

　　樊家营子山口 ………………………………… 047

七、2月7日下午,采访骆驼客 ………………… 060

八、2月8日,吉兰泰盐湖,罕乌拉山,烽火台 … 067

九、2月9日,曼德拉岩画 ……………………… 079

十、2月10日,乌鞘岭北缘的长城 ……………… 092

十一、尾声,关于长城的一些补充材料 ………… 098

第二部分 玉帛之路与齐家文化考察 ······· 101

一、大夏古城 ·································· 104

二、西坪,嵘崀城和齐家坪遗址 ·············· 109

三、临夏博物馆的齐家玉,新庄坪遗址 ·········· 119

四、马衔山 ·································· 122

第三部分 河西走廊与草原丝绸之路的互通:
龙首山文化圈考察 ······· 131

一、鸳鸯池、三角城 ························ 134

二、雅布赖盐湖 ···························· 140

三、红寺湖汉长城 ·························· 145

四、人祖口 ································ 148

五、永昌圣容寺、大泉岩画 ················ 157

六、乌鞘岭 汉长城 ······················ 163

第四部分 草原玉石之路考察手记 ········· 169

一、会宁玉璋王 ···························· 172

二、六盘山,西海固 ························ 175

三、条条道路通草原 ······················ 179

四、与草原玉石(丝绸)之路相关的考察 ········· 181

五、在草原大道中奔驰 ···················· 182

六、北上额济纳 ·························· 185

七、弱水不弱 ···························· 188

八、戈壁古道大穿越 ······················ 192

九、公婆泉 ······························ 198

十、千里东返一日还 ………………………………………… 200

第五部分　牛门洞：会宁玉璋出土地考察 ………… 203

第六部分　玉帛之路河西段及羌中道考察 ………… 211

一、玉帛之路（绿洲丝绸之路）路网概况 ………… 216

二、8月3日，乌鞘岭，古浪，天梯山 ………… 226

三、8月4日，冷龙岭，西营河 ………………… 241

四、8月5日，焉支山，山丹大佛寺 …………… 244

五、8月6日，平山湖丹霞 ……………………… 250

六、8月7日，冰沟丹霞 ………………………… 254

七、8月8日，正义峡，盐池，通往肩水烽火台 … 259

八、8月9日，过酒泉、嘉峪关，奔赴瓜州 …… 268

九、8月12日、13日，羌中道大穿越 ………… 271

前 言

　　丝绸是我国古代劳动人民的伟大创造与发明，早在公元前3世纪，丝绸已开始向西域等地远销，西方把中国称作"赛里斯"国。丝绸之路，指西汉（公元前202—8年）时由张骞出使西域开辟的到中亚、西亚并联结地中海各国、长度达到7 000多公里的陆上通道。这条道路也被称为"西北丝绸之路"，以区别日后另外两条冠以"丝绸之路"名称的交通路线。

　　我国古代历史文献和有关资料中有很多关于中国与西方经济、贸易等方面的交往与联络的记载，但对其具体路线并没有概括为一个专有名称。德国著名地理学家费迪南·冯·李希霍芬（Ferdinand von Richthofen）于1868—1872年间7次到中国西部地区进行考察后，在其1877年出版的著作《中国》中指出："公元前127—前114年间，中国与河间地区（今中亚阿姆河与锡尔河之间）以及中国与印度之间，以丝绸贸易为媒介的这条西域交通路线"叫作"丝绸之路"。后来，德国东洋史学家阿尔巴特·霍尔曼等西方学者进一步阐述和使用"丝绸之路"名称，从而把中国古代凡是进行丝绸贸易所能到达的地区，都归入其范围内。因此，"丝绸之路"就成了从中国古都长安（今西安）始发，横贯亚洲腹地，直达地中海沿岸，进而联结欧洲和非洲陆路通道的总称。

沟通中国与域外的交通网络主要由西北和西南两个陆路网络、陆海相衔的东北网络与海洋网络四大交通板块构成，主要工具是骆驼、舟楫和马帮。目前，对沟通东西方经济、文化、政治、人员、思想之大动脉的通用名称是德国地理学家李希霍芬提出的"丝绸之路"。另外，学术界还有多种名称，如教科文组织所谓的"对话之路""海上丝绸之路""陆上丝绸之路""西南丝绸之路""朝圣取经之路""军事远征之路""瓷器之路""玉石之路""皮货之路""茶叶之路""板声之路""琥珀之路""玻璃之路""香料之路""麝香之路""草原丝绸之路""铜器之路""经书之路""沙漠之路""骆驼队之路""和番公主之路"，等等。有些学者认为"丝绸之路"这一名称不够确切，不够科学。实际上，这条东西大动脉发挥作用的时间远远超过丝绸发明时代。近年来，学术界先后提出"史前石器之路""彩陶之路""青铜之路"和"铁器之路"概念。

1923年，法国古生物学家德日进和桑志华发掘宁夏水洞沟旧石器时代晚期遗址时，发现有属于西方莫斯特文化的勒瓦娄哇石器。其后，黑龙江、山西、内蒙古、新疆等地也有发现。这表明，早在距今10万年前后的旧石器时代晚期，就有一支西方人群通过中亚草原到达新疆，继而到达宁夏水洞沟。因此，有些学者将西方石器技术东传称为"史前石器之路"。新石器时代，距今七八千年开始，黄河流域的彩陶文化向西流布，大约5 000年前后进入甘青地区。4 000年前，彩陶文化出现在新疆东天山哈密盆地，继而沿天山西进，使天山史前文化呈现异彩纷呈的局面。汉代前后，彩陶文化渗入哈萨克斯坦巴尔喀什湖东岸七河流域。学术界把彩陶西传道路称为"彩陶之路"。青铜时代迎来东西文化交流的新高潮。青铜技术最早出现在欧亚西部区域,约在公元前三世纪后半叶,青铜冶制技术出现在新疆和河西一些地区。有些学者将青铜冶制技术西东向的传播道路称为"青铜之路"。近年来,随着新的考古资料的发现,人们认识到,"青铜之路"还包含小麦和牛羊驯养技术等传播多种因素。

从早期铁器时代开始,东西文化交流更为频繁。约在公元前1 000年前,中亚西部首先进入早期铁器时代。随着游牧民族的密切活动,制铁技术沿中亚北方草原通道和南方绿洲通道向东传播,约在公元前7世纪前后进入中国北方。铁器传播道路被称为"铁器之路"。

此外,还有玉器、玻璃等器物和葡萄等农作物经中亚东传,以及黄河流域黍粟类农作物的西传,都代表着史前东西文化的交流。其中,玉石和丝帛是早于丝绸的重要文化媒介物,而这两种物质与夏朝文化有着密切的关系。《左传·哀公七年》载:"禹会诸侯于涂山,执玉帛者万国。"玉石和丝帛代表了中西大通道的物质交流史和文化交流精神。李希霍芬将这条大通道命名为"丝绸之路",兼之国际社会推波助澜,遮蔽了玉石文化。

近年来,叶舒宪、易华等学者根据从甘肃、青海等地区齐家文化及其他史前文化遗址出土的和田玉器等资料,推测距今约4 000年前就有"玉石之路"雏形,涉及新疆、青海、甘肃、宁夏、陕西、内蒙古、山西、河北、河南等省区。"玉石之路"在汉武帝时被重新开发利用,张骞两次出使西域所走"丝绸之路"正是在古代"玉石之路"上拓展出来的。由于外来文化视角和本土文化视角的差异,"丝绸之路"日渐兴旺,而"玉石之路"却未得到充分重视。"玉石之路"与中华文明起源密切相关，随着"一带一路"逐步推进，国民对本土文化日益重视，需强化中国本土话语权，优化"丝绸之路"说，融合"玉石之路"，或延展为"玉石—丝绸之路"。2014年和2015年，《丝绸之路》杂志社联合多家单位近年来举行的考察团在瓜州、肃州等地看到多处出产地方性玉石的天然矿藏，结合史书中有关嘉峪关玉石山、玉石障的记载，以及甘肃省考古研究所新发现的战国至汉代肃北马鬃山玉矿的存在，得出新的认识：除了新疆和田玉之外，甘肃、青海也是西玉东输的玉石资源地。尤其是在甘肃河西走廊的天然屏障祁连山两侧，都有不同的玉石资源存在。自距今4 000年左右的齐家文化开始，西玉东输的历史揭开了序幕，时期越早，这些玉料输入中原或输入陇中地区的可能性就越大。

"玉石之路"是"丝绸之路"的前身。为了表述方便，不在概念、名称上纠结，本路线图涉及的所有"丝绸之路"概念，均指"玉石—丝绸之路"，而非李希霍芬所谓的"丝绸之路"。

根据目前对"丝绸之路"的研究成果，欧亚大陆及邻近海域存在四条主要古代道路：绿洲丝绸之路、草原丝绸之路、南方丝绸之路、海上丝绸之路。我们策划"玉帛之路文化系列考察活动"，不但尽可能还原这四条大通道的本质特征，还要通过文献资料、考古学资料、文化遗址、田野考察等多重证据互相印证，还原它们的丰富性、多元性、复杂性和生动性。因为各方面客观条件限制，我们的考察和书写活动不可能做到有条不紊、按照既定计划对四条大通道进行全方位考察研究，只能根据现实条件和研究范围逐步开展。

本书主要是2015年6月举行的草原玉石之路文化考察活动及其围绕该活动举行的五次考察活动纪实，它们在内容和结构上有互补性。这五次考察活动是：玉帛之路环腾格里沙漠路网考察、玉帛之路与齐家文化考察、河西走廊与草原丝绸之路的互通；龙首山文化圈考察、牛门洞；会宁玉璋出土地考察和玉帛之路河西段及羌中道考察。它们与草原玉石之路考察一起组成了2015年对玉帛之路之草原道、河西道、羌中道等路网及文化遗址的考察。

第一部分

玉帛之路环腾格里沙漠路网考察

缘　起

　　《战国策》和《史记》等史料记载的、从新疆昆仑山到中原国家之间的昆山玉路约3 500公里；从甘肃西北角的马鬃山，到内蒙古额济纳旗（黑水城），阿拉善右旗、左旗，再到包头和河套地区的路线，就是玉石之路草原道的主要途径，约2 000公里。相比之下，玉石之路草原道堪称玉石之路的捷径。

　　是为此，叶舒宪先生与内蒙古社科院包红梅博士积极联系、推进"内蒙古社科院2015年草原之路调研项目——计划路线（单程）"，初步计划：

　　1. 黄河线1，呼和浩特至包头线：重点调研围绕河套的史前期七个古城分布及出土文物情况，以龙山文化时代为主；

　　2. 黄河线2，包头至乌海一线，史前文化遗址和出土文物；今日的民间商贸通道；山西会馆之类；民间走西口传说等；

　　3. 黄河—贺兰山—腾格里沙漠线，乌海至阿拉善左旗一线，调查沿线古代文物和路径；

　　4. 石羊河线，阿拉善左旗至甘肃民勤县北端的青土湖（先秦潴野泽，汉休屠泽，唐白亭海），这是唐宋时期灵州道西段。沿着石羊河到民勤，不南下武威，西进阿拉善右旗；

　　5. 弱水—巴丹吉林沙漠线，寻找阿拉善右旗通往张掖、高台的古代路径，沿着弱水到额济纳旗（黑水城）；

　　6. 黑戈壁线，从额济纳旗向西，到肃北蒙古族自治县的马鬃山，调研古代玉矿分布及东输路线。

　　在申请项目资金支持的同时，积极做好前期准备工作。分工落实每一个站点具体接洽人、线人、当地向导。依照以往经

图1.1　腾格里沙漠

验,每个地方线人需要官方文化馆、博物馆人员和民间收藏爱好者、熟悉乡下情况的人士配合。

叶舒宪老师让我做4、5项工作,即石羊河线和弱水线。

腾格里蒙古语意为"天",比喻茫茫流沙如渺无边际的天空。腾格里沙漠包括北部的南吉岭和南部的腾格里两部分,为中国第四大沙漠,分布在连绵起伏在贺兰山与雅布赖山之间,海拔1 200～1 400米左右,面积约4.27万平方公里,主要属于阿拉善左旗,西部和东南边缘分别属于甘肃武威、民勤和宁夏中卫市。沙漠内沙丘、湖盆(422个)、盐沼、草滩、山地及平原交错分布,山地大部为流沙掩没或被沙丘分割的零散孤山残丘,如阿拉古山、青山、头道山、二道山、三道山、四道山、图兰泰山等,有肉苁蓉、锁阳、苦豆籽、梭梭、白刺、沙竹、籽蒿、油蒿、芦苇、芨芨草、盐抓抓、红沙、珍珠、麻黄、沙冬青、霸王、藏锦鸡儿、合头藜、优若藜、刺旋花、灌木、艾菊及丛生小禾草等生长。水源和植物为人类生存、交通提供必备条件，沙漠腹部形成查汗布鲁格、图兰泰、伊克尔等乡，边缘有通湖、头道湖、温都尔图和孟根等居民点。沙漠内部有吉兰泰、察汗池、红盐池、雅布赖、和屯池、巴深高勒等大小产盐地，由此产生多条沙漠运盐驼道。随着时代变迁，汽车、火车代替了传统运输方式，也形成了新的交通线路，包兰铁路穿过沙漠东南缘，临哈铁路经过乌兰布和沙漠，深入阿拉善盟额济纳旗居延海北，沿中蒙边界巴丹吉林沙漠北缘，经甘肃肃北与新疆哈密相接，银巴高速公路穿过贺兰山。另有省道穿越沙漠边缘。这些现代交通路线有些地段与古代道路重合。

腾格里沙漠是游牧文化与农耕文化的交融地区，也是草原丝绸之路、陆上丝绸之路、古道盐道以及黄河水道交错相连的重要路网区，文化意义巨大。

图1.2　环腾格里沙漠路线图

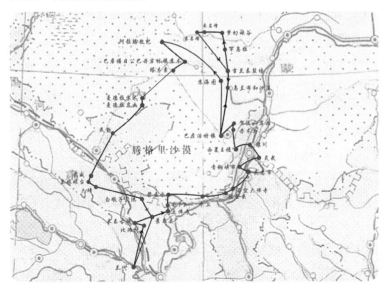

杂志社经过积极筹备、联络、对接、座谈,2015年2月3日—10日,我们组织实施了"环腾格里沙漠大考察",重点考察草原丝绸之路及其与丝绸之路北道、灵州道的关系。

杨文远、刘樱、瞿萍、军政参加,明确分工。

● 2月3日,景泰永泰古城

2月3日(星期二)上午11:35,我们从兰州出发,上高速,一直向北,沿201省道,经中川、陶家墩、五道岘、砂梁墩、甘露池、砂河井、双墩、小甘沟、英武、大水闸、永川,到达位于景泰县城西南27公里的永泰古城。

沿途所见,有曾是烽火台、后来演变成鄂博的朱家庄烽墩遗址,有包兰铁路、201省道、白银公路交会的大敦煌影视城。景泰川有多建于矮树上的喜鹊窝,较为密集、壮观。喜鹊安居乐活,身胖体大,窝很大,可谓之"豪宅"。这一带夹在寿鹿山与米家山之间,大致呈南北方向,腾格里沙漠的大风从广袤北地悍然灌入,终年不断,鹊巢太小,就会被大风吹掉,要巩固,只有增加体积。

喜鹊窝多、身材肥大的另一个原因,或是这里机械收割,粮食散落多,便于喜鹊觅食。

穿过"腾格里风道",进入寺滩。路两边是铺张得相当壮阔的旱砂田,颇显古远、苍凉。阴云密布,笼罩四野,天空飘起细雪。地势在不知不觉中抬高,隐约可见草滩中连成一线的烽墩。风越来越大,雪越来越紧,前方灰暗暮霭中赫然衬托出一道梦幻般高大威猛的城墙:永泰古城到了。

这座古城南依寿鹿山(又名老虎山),东北接永泰川,西临大砂河，为河西走廊东端门户。1598年，明将军李汶奉旨率军讨伐鞑靼部落宾兔和阿赤兔等首领，在龙沙大获全胜，收复大小松山，因功晋升为三边总督。他随后奏请朝廷在永泰川修筑永泰城，1607年3月开工，城墙用黄土夯筑，次年6月完工，外形是一大圆，四面瓮城。城墙上设12座炮台、4座城楼，城下有瓮城、护城河。当时，城内驻兵2 000多人，马队500人，另有火药场、草料场、磨坊、马场等附属机构。整座城池形似乌龟，故名"龟城"，建成后即成为军事要塞，兰州参将在此驻扎。城南北两侧指向兰州、长城方向分别建有绵延数十里的烽火台。如今，201省道附近山间还能看见几座烽火台遗址。

城内至今保留着两座清代民居和一所民国时期建的小学。上世纪50年代，村里还有30多个姓、1 300多人，由于生态恶化、水资源匮乏、土地沙化和盐渍化，迫使城中居民向外界转移，现已衰减到不足百户。

我手抓长在墙土里的衰草，沿木梯爬上城头。突如其来的一场瑞雪，严严实实覆盖在城墙、射击垛口、"龙沙"（山丘）、街道、马道、太极圆池（汲海、涝池）等旧时军事设施痕迹上，试图消除岁月磨痕与移民迁出城池后留下的旧墙残舍。但空落痕迹昭然若揭。羊声咩咩，人家娴静，雪花被大风吹击，猛如箭矢，似乎慷慨激昂倾诉历史的兴衰变化。古城周边笼罩着茫茫雪气，冷风飕飕，加重苍凉的况味。

永泰城曾是通往青海、河套、新疆和西藏的咽喉之地，具有政治、军事、外交、商业发展的多重要义，现在，则逐渐衰落了。

我观望一阵，走下城头，从瓮城走到外面。正巧，一群绵羊和一群山羊从旷野走来，带着苍凉古意，鱼贯而入。此时此刻，若配以箫声和胡笳，更有萧瑟韵味。

军政开车出了瓮城。我们在戈壁滩里缓缓绕行，向古城行注目礼，然后缓缓离开。城外烽火台身影略显孤独，令人感伤。据说明清时期如有异常，便从这里点火，信号穿山越岭，沿途依次传递，经过七十二座烽火台，很快就到兰州。

景泰三馆（文化馆、博物馆、图书馆）馆长沈渭显搞文物调查时实地考察了很多烽火台，据他介绍，永泰城南北两线有数十座烽火台。从北数依次为：永泰烽火台、首坐墩、二墩、双墩、沙河墩、老水地、五座墩（山上主峰，向南北方向传递信息）、魔鬼峡、三眼井（三眼井与明长城相连，长城外还有汉代长城遗址）、百花湾烽火台（原名白话湾）、缸墩梁、青崖子、八袋水、土墩子（汉代遗址）、红湾子（甘宁内蒙接合处）、营盘水；永泰城南面烽火台在水磨沟沟口，水磨沟烽火台向西为官草沟（是官方储备粮草的地方）、丰乐、耿家墩、团庄烽火台；向西南有大墩洼烽火台；向西进入天祝草原，有磜子沟烽火台；

图1.3　永泰龟城，晚归的羊群

向东南到达雷达站烽火台、韭菜沟、盖博墩、三墩、单墩、石墩洼（由石头垒起）、墩子沟、双墩、沙河井墩、朱家庄墩、陶家墩、砂梁墩等。

这些密集的烽火台设计严密，与永泰城构成了一道严密的军事防御体系。

古代的烽火台都有定员士兵把守。这些军士若全部由朝廷发给粮秣，耗资巨大。朝廷或许编排罪卒至此，也可能派一对夫妻共同去戍守，相当于服刑，刑满释放，允许其返乡。很多烽火台距水源不远，有耕种过的痕迹。

景泰通往武威的古道旁，有一处叫"老婆子水"的汉朝烽火台遗址，应该与妇女有关。

白银地处腾格里沙漠边缘，干旱少雨，很多村镇地方都以水或与水有关的泉、池之类命名，如红水、黑土水、白茨水、胡麻水、娃娃水、营盘水、喜泉、中泉、尾泉、小马莲水、小营盘水、赵家水、几米水、黑水、狼刨水、野狐水、大水头、小水、井儿川、白水、马饮水、大营水、朱家水、邵水、席及水、打拉池、常水、台子泉、喜集水、小水水、拉牌水、八道泉、芦草井、牙沟水，等等。有些地名还源于与水有关的故事，"狼刨水"是野狼焦渴到极限时挖刨出来的泉水，"野狐水"就是狐狸找到水源的地方。甘肃人说白银"拉羊皮不沾草"，是说干旱缺水，草木难以生存，拉着羊皮走路，也沾不到枯草叶。据说永泰城在清朝被岳飞后代、名将岳钟琪改建为私家庄院，并上奏朝廷，说景泰十年九旱，请求免去百姓赋税。这些地名、传说、俗语都折射出腾格里沙漠对气候生态的严重影响。

晚餐时，军政讲了一个故事：黄河对面的永新，某老农，妻子早逝，育有一子，栽培果树上百棵，仅此一项，年收入超过五万元。子成年，到景泰打工，每天工资80元，月收入大约

2 400元。恋爱,论婚,女方不愿去农村。于是,子回乡与老父亲摊牌:要么舍弃果园和老宅随他外出打工(实际上等同于飘零),要么各自为"活"。老父说他们可以在外打工、结婚,生了子女后送回老家,他帮着拉扯大。百年之后,祖产任由子媳处置。子坚决不答应。老农纠结,常常到古窑边转悠,有时到深夜。原来,其妻就在该窑中生下儿子。

老婆子水遗址与现代老农家庭故事看似无关,若探究,大概也有很多重合的悲情点。

⚌ 2月4日上午,媪围,骆驼客和五佛寺

2月4日清晨,下雪了。大地银白。景泰三馆(文化馆、博物馆、图书馆)馆长沈渭显说山地路滑,考虑安全,不宜外出。

我们只好在宾馆里围绕景泰历史文化、灵州道及骆驼客相关情况进行交流。

景泰东临黄河,西接武威,南邻兰州,北依宁夏、内蒙古,处在黄土高原与腾格里沙漠过渡地带,自古以来就是河西走廊的东端门户。习惯上,谈起丝绸之路都从"张骞凿空"开始。其实在这之前,东西交通大道逐步推进。秦始皇修筑咸阳到六盘山腹地泾水流域的"驰道",联系北地郡与陇西郡。汉武帝时期设置"安定郡"(固原),开通连接黄河以南清水河谷通道与北方草原的"回中道",又在秦朝焉氏塞基础上衍生出汉代萧关古道(丝绸之路东段北道)。其走向大致有两条:一是出长安,沿汧河、泾水过三关口,经固原、海源,在甘肃靖远县北渡黄河;二是出三关口,翻越六盘山,沿祖厉河北上,在靖远县附近渡黄河。

两条道都经景泰直抵河西走廊。

历史上的丝绸之路在安定时期基本走长安—凉州一线，有战乱则绕道草原路。根据最新研究成果，草原丝绸之路更早，有学者认为至迟在夏朝时期就开通了。目前，这项研究还在进行中。无论如何，草原丝绸之路、绿洲丝绸之路这两条大动脉或共同或交替发挥作用，保证了东西交通的进行。

景泰因其特殊地理位置，融合了这两大交通带的特征。

据李孝聪《中国区域历史地理》记载，丝绸之路北线东段是由西安、泾川、固原（原州）、海原、靖远、北城滩、五佛寺、景泰、武威，然后一路向西。1974年，破城子甲渠侯官遗址发现一枚汉代里程简，书写长安到氐池的十几个地名及里程，其中媪围、居延置在景泰境内。学界认为媪围就是芦阳乡鸯沟古城，居延置可能是寺滩乡三好村的白茨水。2013年3月25—28日，景泰县文化广播影视新闻局、文化馆组织邀请兰州部分高校相关专家对景泰县境居延置、会宁关、乌兰关、乌兰县址、汉长城、索桥古渡进行考察，认为白茨水地形条件不像一处重要驿站。而景泰县红水乡"老婆子水"则是一处较大古遗址，其南为设于汉代、明时重修的红墩子烽燧，距鸯沟古城距离与白茨水相仿，专家认为可能就是居延置。

居延置当与居延海得名一样，曾属于匈奴居延部辖地。

媪围是汉武帝在景泰设立的丝绸之路西过黄河的首个重镇，其城"因山为寨、垒石为城"，故址在景泰县城东芦阳镇鸯沟村，东望黄河，南依米家山，北靠昌岭山，丝绸之路穿城而过，经永泰、三眼井、蒿沟岘和土门墩通往河西。这是一条最早通往西域的绿洲道路。1982年，兰州大学历史系魏晋贤教授、冯绳武教授和省考古研究所张学正所长曾实地考察，认为鸯沟古城遗址与《水经注》《明史·地理志》相关记载吻合。

西北师范大学敦煌学研究所所长、历史地理研究所所长李并成教授多次实地勘察研究认为，媪围古城的面积不仅在其周边高居榜首，是芦塘古城的2.5倍，是永泰古城的2.1倍，而且在丝绸之路沿线的其他汉代县城遗址中也是最大的。

关于城名来历，沈渭显说媪围的"围"偏旁也曾有"女"字，我推测媪围最初可能是这一带游牧的少数民族女性首领，或许是众多传说中的西王母原型之一。汉朝实施拓边政策，以夷制夷，建城池并以当地部落首领命名，也在情理之中。媪围城在黄河西岸扼守渡口，西岸则有平川境内著名的鹯阴城、柳州城。鹯是一种猛禽，西汉以此为名，不知道也有深意否？

忽然想起西汉时期著名的《盐铁论》。公元前81年（汉昭帝始元六年）旧历二月，朝廷召集贤良文学等60多人到长安，与以御史大夫桑弘羊为首的政府官员就盐铁官营、酒类专卖、均输、平准、统一铸币等财经政策，以及屯田戍边、对匈奴和战等重大问题展开激烈争论。贤良文学们请求废除盐、铁和酒的官府专营，并取消均输官。均输和平准是汉武帝时期利用行政手段干预市场和调剂物价的两种措施。均输就是在各地设置均输官，负责征收、买卖和运输货物，平准是官府负责京师和大城市平抑物价工作。后人称这次会议为盐铁会议。西汉后期散文家桓宽根据会议记录，加上与会儒生朱子伯介绍，整理成《盐铁论》。这部著作给我们透露了一个重要信息：汉朝对盐实行官府专营。盐，是生活必需品，也是战略物资。西汉以前，或许游牧民族驮运盐和皮货、畜牧产品到中原交易。汉武帝向西拓展，也可能与控制盐湖等产盐地有关。倘若如此，媪围古城最初建立的目的在于控制盐，而非作为继续西进的桥头堡。

景泰有白墩子盐池，北边腾格里沙漠中有最早在战国时期就开采的察汗池盐湖。丝绸之路正式开通前或许就有盐路、盐道，张骞凿空通西域，运输盐的功能并未丧失。后来，西夏雄踞西北，依靠丰富的盐与北宋交换铁、茶叶等物品。直到民国末期，察汗池盐湖的青盐还通过景泰沿寺、一条山等转运站，运往新疆、陇东、陇西、中原、汉中等地。也穿越河西走廊到新疆哈密，骆驼客将低成本的盐运往新疆，又从新疆带回兽皮等特产。沈渭显的爷爷沈儒温生有四子：长子务农，二子经商，三子读书，曾跟随孙中山留学东洋，系同盟会会员，四子是地方绅士。二子专门经营驼队，半年汉中半年哈密，规模最大时有60峰骆驼行走在这两条运输线上，创造了家族的兴盛。与沈儒温同时的景泰芦阳人孙少卿依靠驼运输发家，最多时候有100多峰骆驼。孙少卿威望高，影响大，在哈密、张掖、酒泉、武威及陕西等省都有号子，相当于今天的连锁店。另外，五佛、营盘水、白墩子一带也有驼队。当地流传："白墩子人不种田，拉的骆驼驼的盐。"

这些驼队兴盛都基于当地或腾格里沙漠中丰富的盐。不过，无论兴盛到什么程度，驼队在物质生活上都很低调，他们奉行的原则是："吃欠些，穿烂些。"

我的家乡与媪围古城——鸢沟同名。"鸢"意为深远、遥远，从字形看，应该与鸟有关。家乡距鹯阴城、柳州城大约五六公里，曾是丝绸之路东线北道支线，上世纪五十年代大搞农田建设时发现过汉五铢钱。村西南山上至今保存明朝烽火台，山丘也因此名为"烽头山"。小时候，听说那里有骆驼放牧。父亲（冯攀耀，属龙，76岁）写过一些有关骆驼客的见闻：

我能清楚地记事，从1946年起，当时鸢沟村只有几十口人，耕种土地，除了能浇上山水和平整些的土地外，其余全部是土山。山上长两种柴，当地人叫黑柴、米星。这两种柴非常耐旱，在我们这十年九旱的地方，其他柴草遇上特别旱年芽都不发，这两种柴照常长，只是没有雨水好的年份长得茂盛而已。

这两种柴都是骆驼的最佳草料，骆驼吃草，面儿非常广。据我所知，就骆驼蓬一种不吃，其他什么草都吃。

骆驼属寒动物怕热，夏天什么也不干，就在山里放牧。夏天放牧有两种说法，一种是说骆驼怕热，一种说夏天储存体膘。笃沟是放牧的最佳基地，响泉顾万照家，骆驼每年都在笃沟地盘放牧，具体不知多少，可能有几十峰。

我只看到放牧情景，至于怎么使用都是听说，几十峰骆驼赶到牧地只需两个人，一个做饭、看家，一个招呼骆驼。骆驼最好放牧，很有组织性，从不单独乱跑，放牧人只看它们吃草，晚上就地卧下。那时候狼很多，骆驼不害怕，但也警惕性很高，晚上一般卧在山顶，屁股对屁股，头朝外。有时候半夜起来走，其他的全部跟上。记得1948年，它们跑到粮食地里，把几家棉花、糜子吃了。后来赔偿。其中有我们的糜子，没有让他赔偿，不知怎么骆驼背上有驮东西的口袋，顶了几条了事。

骆驼冬天起长途运输。拉骆驼在我们本地，每人拉六峰为一组，这都是指长途运输。当地长途运输路线，从条山至汉中，一个冬天能走两趟。那时候，长途贩运就是骆驼，它有很多特长，几天不吃不喝也能照常行走。另外不用住店，休息时随便找一块场地就行；再一个特点是驮得多，能驮四百至六百斤。骆驼看上去笨重，事实非常灵活，几百斤的东西，怎么能搭到它的背上？难以想象！其实，很简单，叫它卧倒，把所驮东西搭上去再起来上路，这是其他畜类办不到的。

据拉过骆驼的人讲，拉骆驼是非常吃苦的一门差事。因为都是冬天出行，又不住店，骆驼客有职业病，大部分有气管炎。

我们小时候成天在山里放驴、挖柴，和骆驼打交道也就多。我知道有两位民勤人，一位姓吉，一位姓王，两位老汉都没有家小。他们给民勤一大地主家拉骆驼，不知因啥转到顾万照家，直到解放也没回老家。后来骆驼逐渐没了使用价值，他们也没有什么专业，人也老了，落户到宝积乡贺家川村，落在宝积乡的还有好几个。

记得解放前民勤县叫镇番，是否属实？传说解放前民勤有一家大地主，姓啥我忘了，他家有一万峰骆驼跑运输。落户宝积乡的两位就是那家伙计，这些消息都是骆驼客传递过来的。顾万照家是宝积乡最大的地主，为人厚道，给他干活的人就能待得住。

三 2月4日下午，五佛沿寺，会宁关

中午，天放晴。野外还是"山舞银蛇"，但道路上的积雪迅速融化。沈渭显当即决定带我们去考察五佛沿寺和会宁关。

雪后天气异常清冷。湛蓝的天空和明媚的太阳却让人舒畅。出景泰县城，汽车在平缓山地、山沟间行进。偶尔可见南边山顶的烽火台，幽静孤傲。五佛距景泰县城20公里，很近。拍摄几次喜鹊窝，看几条古道，观察几条冻成冰的小河，就到达沿寺渡口。

沿寺又名五佛寺，因窟内塑有五尊大佛像和千尊小佛像得名，位于景泰县五佛乡黄河北岸，开凿于北魏，唐、宋、元、明、清续修；这里是中原同蒙古贸易往来的主要船渡码头，也是蒙古食盐集散地，故又名盐市、盐寺，俗语"蒙古驼不过黄河，中原马不走沙窝"，将农耕、游牧两种文化简练地概括出来。沿

寺创建、兴盛,应该与渡口繁荣商业密切相关。

　　一眼没有封冻的泉水咕咕涌动,汇成细流,向着大河快乐流淌。我们走向黄河边。这段黄河处在红山峡与黑山峡之间,南北两岸宽阔平坦,河水温顺,波澜不惊,冬天的沿寺古渡恬然宁静。对面盆地属靖远双龙乡,远山上有烽火台,沈渭显曾考察过,山间有守望黄河的汉长城盘踞。古代,黄河冬天结冰,游牧民族长驱直入。山间还有大庙古道通往固原,或经石门、砂石水沟、水泉、打拉池、海源等地通往关中。

　　古渡至今仍在使用。还是使用索道的传统方式。一艘渡船,载着小面包、出租车、自行车和前来到景泰办年货的人们不大工夫就从对岸到这边。

　　按照行程计划,我们先去考察会宁关,返回时再参观五佛寺。

图1.4　景泰五佛黄河古渡口

经过景电工程取水点，汽车在河边窄道上缓慢前行。古代在此设关，非常适合。沿着黄河大转弯形成的弓背山势，穿过一片树林，即可见黄河对面的会宁关遗址。

黄河在甘肃境内大致呈西南——东北走向，阻断丝绸之路，于是在唐代河州（治所在今临夏市）、兰州（治所在兰州市城关）和会州（治所在今平川区缠州城遗址）等地形成一些著名渡口、关口，如临津关渡（积石山县大河家乡的积石关）、凤林关渡（甘肃临夏县北莲花城，已被刘家峡水库淹没）、金城关渡（兰州城关西北）和会宁关渡。

会宁关渡原名乌兰津，最早见于《北史》和《北齐书》的《可朱浑元传》。《资治通鉴》梁纪武帝大同元年（公元535年）也记载："道元（可朱浑元字道元）帅所部三千户西北渡乌兰津抵灵州。"北周武帝在渡口北黄河边设置乌兰县和乌兰关。唐会宁关位于靖远双龙乡北城滩，会宁关渡就是会宁关城北之黄河。北城滩与景泰五佛隔河相望，唐代在此曾设乌兰关，在乌兰关附近设乌兰县。唐代关津分为上、中、下三个等级，只有长安周边与驿道相连的关才能叫上关，其他地方的关只统称中关或下关。《大唐六典》记载，会宁关就是当时全国十三个中关之一。《水部式》记载，开元、天宝时，"会宁关有船伍拾"。每只船的船工以三至五人计，会宁关渡约有船工约200人，每天渡河千人以上，规模相当大。

701年，唐朝凉州都督、陇右诸军州大使郭元振奏置在乌兰关西北20里的鸾沟古城所处盆地设置新泉军，管兵七千人。两座雄关，一南一北，设县置军，夹河而治，扼守渡口。更见这个关口、渡口的重要性。唐代由凉州到长安有两条驿路：一条是丝路南线（秦州路），全长2 000里，从凉州出发，经天祝，大致沿庄浪河谷和黄河北岸到兰州，再往南经临州、渭州、秦州、陇州和岐州到长安；另一条是丝路北线（乌兰路），全长 1 730里，沿凉州往东南经古浪县到唐乌兰县，在附近的乌兰关渡河到会宁关，再往东南，到会州驻地会宁县（缠州城遗址），接着往东南经原州、泾州、彬州到长安。尽管北线比较荒凉，但道路平坦，里程短，是主要的运输军队和商品的军道、商道。开元、天宝时唐王朝进入鼎盛时代，在我国西北设河西节度使（驻军7.3万人，马9 400匹）和陇右节度使（管兵7.5万人，马1.06万匹）。大量军士、粮秣、器械大都从会宁关渡渡河。会宁关渡因此成为当时丝绸之路上最大最重要最繁忙的渡口。

站在黄河边，遥望对面山坡间的关城、关墙遗址，可以想象当年人马往来的繁闹景象。古人选择黄河转弯地方设渡口，考虑到黄河水性。从会宁关渡人马、物品，只要将大船推离岸边，依靠河水自身冲力，就可以把大船冲到对面，然后顺流而下，到修建在猩红崖边上的乌兰关上岸（高启安教授持此说），然后经石板梁穿车木峡到媪围古城。近年来，刘满、高启安、刘再聪、黄兆宏等教授多次实地考察，多有文章发表。

大家驻望一阵，返回到五佛沿寺。临近春节，山寺空寂。马铃在清风中摇荡。因为地震坍塌、岁月风化、战争毁坏，沿寺多为新修建筑，古代遗存不多，但北魏造窟特征明显。1983年夏，景泰县对石窟北壁进行抢修时，从墙壁填土中清理出一个西夏木制蜡台，并发现西夏文残卷，专家考证为《金光明最胜王经》等经文残页。景泰县也出土过西夏军事与民用制品。漫水滩乡农民发现过一枚军令牌。芦塘曾发现过西夏弯腰古碑。

之后，沈渭显带我们寻访"疑似乌兰县"旧城址。汽车穿过平坦的河边滩地，爬坡，上到一座沙山脚下。显然，这座巍巍沙山与腾格里沙漠密切相关。风大且冷。我们沿着沙山脊梁深一脚，更深一脚，艰难上进。山脊右侧，是三井沟古盐道，通往漠北。看不到逶迤相连的驼队,唯见一辆大卡车孤独作业。

沙丘之北是铁匠嘴子山,五佛的沙子大多从它们头顶飘飞而来,聚集而成沙丘、沙山。

黄河、盆地、沙山,奇妙结构类似宁夏沙坡头。居高临下,一带银河悠然而过,两岸平川和山地尽收眼底。黄河白银段有不少现在仍在使用的渡口,如靖远北湾乡寺儿湾、乌兰乡虎豹口(河包口)、石门乡小口(石滩)、兴隆乡大庙、景泰五佛等,其选择、修建与地理环境有很大关系。靖远县城东北由南往北的黄河上有全长180里的红山峡,河水落差大,险滩多,不宜设置渡口。靖远、景泰两县同宁夏中卫县交界处的河段上有黑山峡,也不宜设置大渡口。而靖远县北城滩与景泰五佛乡十多里的黄河处在红山峡、黑山峡之间,群山环绕,形成天然河谷盆地,既可驻军,又能设置大渡口,适宜大军、商队、粮秣、商品通过。古人初创修建时,也可能经过长期调查研究和实地踏勘。他们是否也亲临沙山,进行观测?是不是走遍了黄河对面的每个枯瘦山头?

下沙山,沈渭显一阵疾驰,带我们到一个古朴村子。在废弃房屋与羊圈之间,我找到半截显然是旧时墙体的残迹。我爬上墙,小心翼翼从松软房顶走过去,拍照。沈渭显推测这就是乌兰县城址。他与村里老人闲聊,扯出十多年前的城墙状态,比现在完整多了。

三 2月5日,白墩子,营盘水及"北大路"

考察出发前,先参观景泰博物馆。较为古朴的是岩画,多为单幅,姜窝子沟岩画则是记录群体狩猎老虎时的激烈场面,气氛紧张,极富表现力。

新石器时代的文物有饰件、墨玉器、玉璧等,战国文物如青铜羊马饰件、铃铛、刀具、兵器及大小不一的驼铃。也有前秦时期的木马和俑人,与高台所出同期同类文物风格相似。不过,景泰的木马栩栩如生,更传神,更生动。汉代陶仓与现代储粮建筑几乎没有太大区别。西夏彩绘木版画基本完好,"五侍男"发型为党项族特征,服装却有明显唐风。

景泰文物数量不算多,但简明扼要地勾勒出了这块地域的文化特征。

接着,我们出县城,先从201国道一路向北,然后折向西,前往白墩子烽火台。

沈渭显有眼疾,带病工作,驾车如野马,过荒滩水渠,如履平地。他一边熟练驾车,一边热情洋溢地介绍草木地理。他多次说到一个名词:"北大路"。这条交通干线是西夏王朝从兴庆府(银川)通往兰州、西宁的,《景泰文史》也有记载,其大致走向为:出银川,经中卫,到景泰,过皋兰,抵兰州。在景泰境内的一段,从甘塘子到营盘水,经大格达,翻天涝坝梁,经白墩子到三眼井,穿魔鬼峡,入寺滩三道场东南面与古丝路交叉。

白墩子烽火台坐落在盐碱滩里的一处高地上,寒风猛烈,如撕如刺。在这种大风的侵蚀中,曾经威武高大的烽火台被雕刻成卧地喘息的骆驼形状。沈渭显认为白墩子烽火台为汉代遗址,可能主要用于指引盐道往来的商队。兰州商学院教授高启安博士认为白墩子烽火台就是唐代史料中记载的"白鹿烽",建于汉代,与红墩子一起护卫汉唐丝绸之路。但愿有更多材料能证明白墩子盐池在汉代或更早的时代就已经开采。西夏军队西进,选择取道景泰,不仅要抢占交通枢纽,也要夺取白墩子盐场。

登上烽火台北望，是一带辽阔的、枯黄草色与洁白冰面夹杂相间的湿地，它们是白墩子盐池的组成部分。无边无际，望不到边。烽火台东边是北大路穿行区。因时代久远，不见路迹，唯有密集的骆驼蓬、红宣帽、"烟葫芦"等矮小植物覆盖着盐碱地面。骆驼蓬是骆驼喜爱的食物，可以烧制生物碱，曾为甘肃民间广泛使用。它是兰州牛肉面的最佳用碱；"烟葫芦"既不能做饲料，也不能当燃料。即便费力点燃了也只冒烟，熏得人只淌眼泪，不着旺火。小时候，我们在野外经常玩火，印象深刻。

烽火台东南边，是废弃村落房屋遗址，沙丘突出，残墙兀立。树木却依然守望，忠诚如士兵。该聚落的形成是因为古商道和盐湖，后来商业衰落，盐碱地又不能承载这么多居民，上世纪80年代，绝大部分居民已经搬迁到灌区，不可能再回来了。

村庄空了，鹊巢也空了。极少数不愿搬走的人家院里，炊烟袅袅。几个鹊巢在寒风中显得有些孤独无奈。一位妇女似乎从先秦时代走出，打量一眼，又默默进入宁静院落。

村东有条河，养育过古今多少人，依然流淌。河面结冰，汽车从深沉沟坎中颠簸穿过。

沈渭显驱车东行一阵，折向北，进入两边全是枯黄骆驼蓬的便道，往白墩子盐池而去。地势缓缓降低，感觉到在进入古老湖盆。前面开始出现白练般飘扬的白色湿地，像梦境，又像蜃气，越近越清晰。这是一滩夹杂在荒原中的沼泽地。薄雪覆盖冰面，冰面不时覆盖路面。骆驼蓬、干芦苇等荒原草与洁白冰雪互相映衬，层次分明。细小的衰草也从冰面中顽强露出纤弱躯干，阳光将斑驳影子投影到雪地上，让人怜惜。寒风、月光、寂寥注入了它们怎样的魂魄啊。

国民党政府时期修建的瞭望楼是白墩子守盐池标志性建筑。两边的砖房也是上世纪六七十年代的遗物。炮楼危耸，不可登高远眺。大家跋涉过荒草滩，进入盐碱池湖床。往昔的泥浆、波浪、涟漪、杂草都被凝固在蓄势待发的状态。天暖时，淡水消融，流到冰面上，气温下降后又凝结成冰。大部分冰面被白雪覆盖，有的地方则露出一圈一圈的冰线，仿佛树之年轮。大小不等的枯草垛、枯草层随意点缀，野鸭和黄羊踪迹也留在雪地上，消解了严冬的呆板。寒风凛冽，无声无色无形，但冰冷气息钻入脊骨，时时提醒它们的存在。裸手拍照，最多连续三张，热量迅速消散，手指变得麻木生疼。为加深记忆，风中还添加密实、劲道明显可感的盐碱味。

刘樱、瞿萍两位年轻女士首次于寒冬在沙漠旷野工作，经受着考验。

白墩子盐池紧靠腾格里沙漠南缘。骋目北望，只有苍茫云气。这里是西来丝绸之路的岔路口：一路经媪围城往长安，一路经由营盘水到中卫、漠北。离开盐池，我们沿丝绸之路北大路向东。这条正在修建中的路基本上与古道重合，也是西气东输线经过地带。沈渭显要带我们去看盘路口汉蒙分界碑，由于路况改变，走错几次，才找到。这块碑立于清道光二十九年，在今景泰县上沙沃镇梁家槽村东北甘蒙交界处一块梁峁上。碑身正面正楷阴刻汉文，背面为蒙古文。文字漫漶不清，隐约可读大意。与古道上的很多城墙、烽火台一样，上面留有数道瀑布般倾泻的鸟粪，令人唏嘘。从碑旁北望，就是内蒙古地域，向南望，近处有丝绸古道北大路，向南望远处天际边山峰，可见两处烽火台，左手为红湾子，右手为八袋水。

若从汉蒙分界碑沿古道向东行进，不远可到天涝坝梁驿站，是西夏通往西域的必经驿站。我们从大约2公里外的山丘上远眺一阵，看看一带路迹，然后驰往宁、甘、内蒙三省交界处的"胜胜饭店"，从房间里就可以看到南边的红湾子烽火台。沈渭显说，从营盘水过甘井、冬青沟，就是通往五佛、长约25公里的盐路。

　　"胜胜饭店"主人是一对夫妻，夫张守胜，妻李维萍，景泰芦阳乡条山村人。他们在这个现代驿站已经经营17年，专门为新疆、河北、天津、山东、内蒙古等地长途运输的司机提供饮食、休整服务。张守胜幽默，爽朗，洒脱，穿着打扮、表情、语言都像生活在虚构的故事中，很多司机到此休息，除了常规需要，还要与张守胜说笑一阵。李维萍热情贤淑，夫唱妇随，做配角恰到好处。我建议把改店名为营盘水驿站、胜胜驿或胜胜神驿。张守胜微笑着不置可否。他们夫妇准备饭食。我到厨房参观时，一只板凳母狗与小狗娃玩耍，被惊扰，大为不快，龇牙咧嘴，冲我们叫个不停。

图1.5　我与现代驿站的夫妻俩合影

古代丝绸之路在此有名为营盘水的驿站。景泰博物馆中陈列的新石器时期彩陶也有出自营盘水的，可见人类很早就在这里经营生活了。现在，因为地处三省交界处，便有了三个营盘水。我们在甘肃营盘水用完餐，接着去内蒙古营盘水（属于温都尔勒图镇的一个小村）探访盐道，然后前往宁夏营盘水。

我们出发时，两位货车司机也吃饱喝足，走向停在路边的大卡车。

沈渭显此前帮助我们联系过老骆驼客白志云，很快就找到老人家。宁静窄小院落，简朴土坯房，陈旧古老的油漆柜，显示着这个家庭的经济状况。

稍事问候，就开展工作。没有合适的凳子，瞿萍打开电脑站着记录。白志云老人坐在土炕边，面带微笑回答我的各种提问。他的老伴显然在病中，但表情异常淡定，默默倾听。

白志云属羊，85岁，父亲是古浪土门人，终身从事拉骆驼职业，母亲是中卫人，在家务农。白志云最初在红湾子以拉煤、放羊谋生，20岁开始拉骆驼，为景泰五佛张家打工。那时营盘水只有8户人家，大多以给地主打工为生，只有老驼客以拉骆驼为生。

从察汗池盐湖驮盐，所经路线索为：刺窝井—双黑山—骚羊湖—察汗池，全程200多公里。驮一次盐需要半个月时间。白志云最远运盐到过会宁河畔、宝鸡、汉中等地。察汗盐池的盐不向北边运输，通常，汉人骆驼客运到条山后中转，蒙古骆驼客运到宁夏中卫迎水桥莫家楼中转。据说，察汗盐池盐湖现在还在使用，用机械挖掘。

夏季天热，骆驼休整、给养，秋天开始驮盐，严寒冬季，驼客就穿上东家提供的老羊皮袄御寒。骆驼前进速度缓慢，通常每天走一站路，途中没有固定驿站，到达专门供骆驼饮水的井边，骆驼客们就按照分工，轮流放骆驼、饮水、做饭等，各司其职。有帐篷住帐篷，没有帐篷铺毡到沙滩里，露宿。天冷了，就抱着骆驼脖子取暖过夜。骆驼客白天休息、补给，晚上行路，睡半夜，三星出来，大约12点，就出发。遇到刮风、下雪天气，放开骆驼，让它们自己走。"老驼识途"。

每年，蒙人、汉人大致有一万多峰骆驼在盐道上往来。每个驼队都有一个经验丰富的负责人。汉人骆驼客给骆驼添加饲料，每峰能驮320斤盐，蒙古骆驼客则不带饲料，每峰骆驼只能驮200斤。汉人骆驼客路上吃干粮，或用铜锅做揪面片、馓饭等，调羊肉臊子，配咸菜。蒙古骆驼客伙食好，顿顿有羊肉。蒙汉驼队之间基本不交流，饮骆驼的水源都泾渭分明。

骆驼客主要收入是每次驮盐的运费。驼队一般由4练或6练骆驼组成，每练子有7只骆驼（最多8只），每峰骆驼运费4块银元，出行一次能挣到24块大洋，交给东家后，驼客每月从东家那里领3个大洋。由于驼盐成本低，途中不会碰到土匪抢劫。

白志云28岁结婚，属包办婚姻，聘礼大概30块大洋，两匹老布，再加几件衣服。婚后他就不再拉骆驼，以种地、挖煤为生。

白志云老人虽然已经85岁，但思维清晰，记忆力好。回忆起曾经风餐露宿的驮运生涯，他反复说的一个词是："受罪得很。"而布满脸颊和额头的道道皱纹似乎不管艰辛，不管风霜，如同一条条石山在荒原上萧然透迤。

在院子里合影时，老人笑得合不拢嘴。

几天前联系过的一位张姓骆驼客因事去了五佛。原定采访时间空出一些。去中卫时间尚早，沈渭显决定回头再去看看八袋子水烽火台。我们当然巴不得。于是，我们掉头向西，又穿越了一次三个省的三个营盘水，过"胜胜驿站"，穿过公路涵洞，向南走入坑洼不平的山道。汽车颠簸，跑不起来，抓拍也难。实际上，这是一条以烽火台为支点的盐道。随着山势变化，烽火台的姿影也在不断变化。穿过几道山，汽车驰上一道高巍的大山，就到了明朝八袋子水烽火台下。放眼四周，都是长满骆驼蓬等杂草的荒原、乱山，视野极宽。从此向南，可通五佛、条山。新修的高速公路从烽火台东侧山间延展而过，一辆辆满载货物的大卡车疾驰，巨大轰鸣与巨大宁静在枯黄的荒山间摩擦产生别样效果，意味深长。

八袋子水烽火台西边山包上，有一座坍塌得看不出形状的庞大烽火台遗址，它已经与小山融为一体了。我们推测其建立的时代大约在汉朝。

边塞的风、荒原的风、凛冽的风，虎虎生威。

图1.6 采访老骆驼客白志云

短暂拜会之后，我们回到201省道。景泰考察结束了。我们与沈渭显告别，"各奔东西"，他回景泰，我们前往宁夏中卫。

四 2月5日下午，中卫古道，灵州及灵州道

启程前往中卫时，已经下午4点多了，天色渐暗，冷气逼人。疲惫和凉意一起袭来。好在路边荒原台地、石山上都覆盖一层薄雪，折射光线，发出弱亮。

为便于考察，我们走省道。地方古文献对这段丝绸之路驿站有记载，如营盘驿、干（甘肃）塘驿、一碗泉驿、上茶房庙驿、长流水驿、下茶房庙驿、沙坡头驿等。与驿站相对应，沿途也建有烽火墩，自东向西依次为孟家湾墩、头道墩、二道墩、三道墩、土墩子、双墩子等，与河西走廊的汉、明长城、烽燧相望、相接。

营盘驿就是营盘水。这些古老驿站遗址尚存，由它们连接的古道遗址保存较好，与汇聚这条古老走廊的定武高速、包兰铁路、201省道以及往来车辆互动对话。结合宁夏专家周兴华的调查结果及现场考察，甘塘至迎水桥镇存留一条车马大道，从西往东，依次为：第一段在老营盘水、双墩梁，第二段在上茶房庙至一碗泉，第三段在长流水沟北岸，第四段在长流水笈笈湖口，第五段在迎水桥镇孟家湾骆驼峰子山北坡下，沿途古代石器、瓷片、陶片、钱币等遗物时有发现。这条古道宽约4米，长数十公里，因人畜践踏，车辆碾压，路面僵硬泛白。201省道与它时而重合，时而相交，时而并行。从古道遗址看，古人为保障畅通，采取多种修路技术。如骆驼峰子山下北坡古道与笈笈湖口古道相接之处被一条山水沟切断。古人架大石板以便

人畜、车辆通过,古人因此称这段路为"石桥"路。20世纪50年代,包兰铁路经过,拆毁"石桥",修筑为铁路通过的涵洞。笈笈湖口古道,修在山水沟与山坡之间。古人在个别地方劈削山坡,加宽路面;又在山水沟边垒砌大石块作护坡,防止路基崩塌。

行路难,护路也不易。由此推断,丝绸之路开通后政府就实行各种有效管护、维修、保障之措施,与现代公路、铁路乃至油气运输系统,大概相同。

丝绸之路东段中道、南道,不管是略阳道(陇坻道)、鸡头道,还是瓦亭道,都要经过沟谷纵横、群山连绵的陇西和乌鞘岭,人马经过不易。而丝绸之路东段北道(可行车马)从今西安、洛阳、开封等地出发,沿回中道(泾水道)北上,经甘肃平凉,进入六盘山高平道(宁夏固原),从高平沿萧关道(宁夏清水河道)至古灵州(宁夏中卫)渡过黄河,然后沿着后来所谓的"北大路"进入河西。实际上,这才是先秦以来华夏通往西域、中亚、非洲、欧洲的丝绸之路东段北道主干道。现在,夕阳西下,我们行进在先秦以来持续使用的国道上。

公元1003年,西夏向西扩张,也是沿腾格里沙漠南缘的这条大道行进。景泰民间流传着一首《逃难曲》,难民行走线路也正与北大路相同,特节录与交通路线相关的句子:

> 草峡下来是牛家的坡,上下泉沟哭着过,逃难人实实难过
> 一走走到滚脖子滩,眼泪点点擦不干,朝后看实实可怜
> 半个庄子贼娃子多,我拿些炒面你习过,再习过性命难活
> 十字路下去三道场,毛(魔)鬼峡里也葶障,只见天不见人庄
> 三眼井下来白墩子,不种庄稼靠盐池,逃难人跑着看去
> 白墩子下来天涝坝深,天涝坝梁上贼娃子多,这一条大路

躲不脱

　　大营盘水下去是甘塘子，一碗凉水五个子，没有钱渴死不给

　　一天按上些干炒面，一晚上爬的是荒草滩，逃难人苦着难言

　　一碗泉长流水，想吃炒面漫一嘴，四十里沙坡头上去里

　　看黄河是一条明川，下去沙滩咱们要着吃，你走东来我走西

　　其中涉及的地名与古代驿站完全相同。不过，与历代史家、文人记录不同，这些地名的记录者是历代难民！因此，我们关于丝绸之路名称也就多了一些思考。

　　沟通中国与域外的交通网络主要由西北和西南两个陆路网络、陆海相衔的东北网络与海洋网络四大交通板块构成，主要工具是骆驼、舟楫和马帮。目前，对沟通东西方经济、文化、政治、人员、思想之大动脉的通用名称是李希霍芬提出的"丝绸之路"。另外，学术界还有多种名称，如教科文组织所谓的"对话之路""海上丝绸之路""陆上丝绸之路""西南丝绸之路""朝圣取经之路""军事远征之路""海上丝绸之路""瓷器之路""玉石之路""玉帛之路""皮货之路""茶叶之路""板声之路""琥珀之路""玻璃之路""香料之路""麝香之路""草原丝绸之路""铜器之路""经书之路""沙漠之路""骆驼队之路""和番公主之路"，等等。现在，是不是可以加上"难民之路"？东汉末年，中原内乱，地主豪强举家迁往河西、敦煌乃至西域，他们也应该选择这条路。

　　傍晚六点前，到达沙坡头。黄河、腾格里沙漠、铁路、公路在这里挤到一起，形成"四龙聚会"壮阔景观。近年来，沙坡头成为旅游热点，冬天，则异常清冷。我们俯瞰黄河宁静的大转弯，远眺对岸远山上一个墩台遗址，感受暮霭，感受萧索，思绪万千。

从中卫开始要逐渐折向西北,走青铜峡、吴忠、灵武、银川一线。这一带是草原丝绸之路与绿洲丝绸之路交融会合的地域,也是考察灵州道的重要区域。说灵州道,必谈灵州。国内学者对灵州的确切位置多有争论。

公元前214年,秦始皇为抵御游牧民族,沿黄河筑三十四县,其中由富平县城(故址在今宁夏吴忠市西南)兴修水利,开垦农田,引黄灌溉。西汉时期,又设立灵洲县,为当时北地郡所辖19县之一。《汉书》记载:

> 灵洲,惠帝四年(公元前191年)置。有河奇苑、号非苑,莽曰令周。师古曰:"苑谓马牧也。水中可居曰洲,此地在河之洲,随水高下,未尝沦没,故号灵洲。"又曰河奇也。二苑皆在北焉。

《后汉书·郡国志》北地郡记载为"灵州",为东汉北地郡所辖六县之一,据此推测,东汉时已改灵洲为灵州。东汉后期发生三次羌族起义,灵州内迁。后魏在灵州原地置薄骨律镇。北魏孝昌二年(526年)改置灵州。隋大业三年(607年),改灵武郡。唐武德元年(618年),又改灵州,置总管府。624年,改都督府,属关内道,设有管理突厥、回纥等少数民族的若干个羁縻州。630年,唐朝攻灭东突厥,在阴山南麓置三受降城。646年,唐太宗亲至灵州接受回纥诸部及铁勒九姓酋长投降,遂有"受降城"之称。647年,唐太宗平薛延陀国,漠北铁勒诸部尊太宗为"天可汗""天至尊",请求在回鹘(铁勒诸部之一)以南、突厥以北开"参天至尊道""天可汗道",其走向大致沿秦直道经天德军到回鹘牙帐(唐安北都护府,今蒙古国和林),然后至伊州、高昌,通往西域。全程设置68个驿站,备有马匹、酒肉、食品。历史文献提到的回鹘道、回鹘路也大致是这种走法。721年，唐置朔方节度使。742年，改灵武郡。756年，唐肃宗于此即位，升大都督府，由此成为全国政治中枢。758年，复改灵州。840年，回鹘为黠戛斯所败，退至碛西及河陇一带，回鹘道衰落。848年，沙州豪族张议潮率众收复沙瓜二州，遣使循回鹘旧路经灵州到达长安，于是，又一条以灵州为中心、连接西域与中原的交通与贸易之路——灵州道开通。P.3451《张淮深变文》有赞云：

河西沦落百余年，路阻萧关雁信稀。赖得将军开旧路，一振雄名天下知。

初离魏阙烟霞静，渐过萧关碛路平，盖为远衔天子命，星驰犹恋陇山青。

该变文即颂此事。

五代时，灵武郡为朔方军治。西夏占领后改西平府，又名翔庆军。元、明仍为灵州。明洪武十七年（1384年）灵州古城被河水淹没，迁移三次，最后于宣德三年（1428年）筑新灵州城即今灵武市。清朝到民国均为灵州。1913年，改新灵州为灵武县。1950年，后灵武归吴忠管辖。2002年，灵武市由银川市代管。所以，吴忠、灵武都属古灵州城。明代史书称淹没以前位于今吴忠境内的灵州为古灵州城，称三徙之后的灵州为新城、新灵州城。

由于历史变迁，古灵州确切地理位置始终是我国考古学界和史学界未解之谜，以致有学者认为现今灵武市就是古灵州遗址。2003年5月8日，宁夏吴忠市利通区郊区唐墓群出土两块墓志，一块毁坏严重，字迹模糊。另一块《大唐故东平郡吕氏夫人墓志铭并序》，字迹清晰。墓志铭记载，吕氏夫人父亲是朔方节度左衙兵马使，丈夫是军队官吏。吕氏夫人于公元830年死于灵州家中，葬于回乐县东原。回乐县系灵州治所，与灵州同城。由此证明古灵州城址在今吴忠市西北部。

宁夏学者周兴华先生结合《汉书·地理志》《水经注校》《范文正公文集》所附《西夏地形图》及前苏联所藏《西夏地图集》等文献资料和实地考察，认为古灵州在今中卫市黄河两岸地段，是东西方交通中重要的黄河水陆码头之一，丝绸之路东段北道从古灵州渡黄河由来已久。唐朝在灵州设置六城（东、中、西三受降城，定远城，丰安军，振武军城）水陆运使，专司水运，丰安军（今宁夏中卫）系其黄河水陆码头之一。《汉书·卫青霍去病传》载卫青率军"度西河至高阙"，这一地区应有大型渡口和车马大道。《魏书·刁雍传》载刁雍在"牵屯山河水之次"（今中卫香山北麓的常乐、永康、宣和镇黄河沿岸）"造船二百艘"。周兴华先生所说之灵州，当指当时中卫属于灵州辖地。

这些研究成果和考古证据至少客观上透露出这样几条信息：其一，中卫、吴忠、灵武一带的黄河绿洲适合耕种，具备设置州城的条件；其二，黄河水流平稳，多处地段适合建造大型渡口；其三，从最早取名来看，这里经常发生水患。2月6日早晨，我在中卫县城看到相距不远的两家单位均以大禹命名：大禹营销中心和禹都新村。我拍照片发到微信群里说，难道大禹的子孙顺黄河而下，在中卫也留下了深刻印记？易华兄回复说有可能。

沿清水河南下、北上的萧关道必从古灵州渡黄河。按照常理，若经景泰往河西，就在中卫段渡河；若走回鹘道、灵州道，则可以在中卫段渡河，也可以在吴忠或灵武合适地段渡河。总而言之，渡口可能有多处。

晚唐五代宋初的灵州道不仅包括经灵州西行的道路,还包括经灵州到长安、洛阳、开封的路线。根据敦煌文书及其他文献资料,灵州道大致轮廓为:由开封西行,经洛阳至西京长安,北上邠州,循马岭河而上,经庆州、环州至灵州,渡黄河,出贺兰山口西行穿腾格里沙漠,溯白亭河(今石羊河)南下至民勤、凉州;或穿越巴丹吉林沙漠到居延绿洲,溯额济纳河(黑河)南下张掖绿洲,然后循河西旧路历肃、瓜、沙而达西域。归义军曹议金、曹元忠时期,这条路线畅通无阻。这是灵州道的两条主干道。另有经河西走廊连接印度和五台山两大佛教中心的道路,即从沙州出发,经瓜、肃、甘、凉、灵诸州,然后北折,经丰、胜、朔、代、怡等州到五台山。

其实,早在汉代时山西大同盆地与西域之间联系密切。北魏拓跋氏定都平城以来,东西方交流更甚,《北史·魏本纪》载鲜卑统治者"徙凉州三万余家于京师"(其中有大量佛教人士及凉州、西域或斯里兰卡的工匠),太延元年,"八月丙戌,行幸河西,粟特国遣使朝贡";太延三年,"高丽、契丹、龟兹、悦般、焉耆、车师、粟特、疏勒、乌孙、揭盘陀、鄯善、破洛那、者舌等国各遣使朝贺"。这些史料表明,大同与凉州乃至河西走廊、西域往来频繁。尤其是"徙凉州三万余家"到大同,如此庞大人群,如何迁徙?走哪条道?走了多长时间?怎样经过腾格里沙漠?

《西夏研究》主编薛正昌先生研究认为,齐桓公西征大夏走的可能就是灵州道,即由山西北境西行,经陕西北部至宁夏,渡黄河,过"卑耳山"(贺兰山),穿越"流沙"(即腾格里沙漠)。由此推断,灵州道之"诞生"或可提前到战国时期。

经过晚唐、五代发展,到宋初灵州道已成为一条国际交通线,兴盛300多年。西夏崛起后灵州道交通断绝,双方为争夺灵州,进行了近百年的攻防战。1020年,宋朝诏告西凉府回鹘,贡奉改由秦州路。实际上,灵州道并未真正画上句号,明朝王弘在《灵州道中》写道:

> 边尘一道马头开,烽火无烟但有台。
> 地势腾腾随北上,山行个个往西来。
> 生人何计薰胡俗,造化分明孕此胎。
> 见说中州文教在,衣冠珍重济时才。

可见灵州道使用时间还延续很长,或与民国及上世纪五六十年代的盐道一脉相承。

五 2月6日,长城,胜金关,石空寺

从地图上看,贺兰山是宁夏平原与腾格里沙漠的天然屏障。继续往南,就是顺着山脉走向往西南延伸的长城。腾格里沙漠南缘古长城从中卫石空镇永安墩至迎水桥镇西沙嘴,长一百多里,据考证为汉长城遗迹。这段长城外层没用砖石包砌,用土版夯砸而成,墙下宽四米,上宽一点六米,总高五点三米,工程巨大。明朝时宁夏巡抚贾俊为抵御蒙古骑兵,组织修复,至今留存着一道残缺不全的斑驳沙墙。

2月6日早晨,我们驱车离开中卫,沿着201国道前往银川。出城不久,过胜金关收费站,进入镇罗地界,意外看到路边有座形似犀牛扑水的高大山头,有烽火台和长城遗址,我闪过一念:会不会是胜金关?

当即决定停车探看。山脚下立一文物保护碑,保护范围含

墙体、城堡、烽火台。我断定这就是有关文献中经常提到的胜金关。意外收获!

胜金关雄踞在腾格里沙漠东南沿,位于贺兰山余脉中宁北山南麓、中卫县东30公里处,是明代长城重要关隘。贺兰山绵延250公里,重要关口有三关口(赤木关)、胜金关、打硙口(又称大硙口,今称大武口)、贺兰口、峡子沟口、哈拉乌口、水磨沟口、北寺沟口、南寺沟口、苏峪口、拜寺口等。胜金关与打硙口、三关口、镇远关合称宁夏"城防四隘"。这四个关隘也是北方蒙古游骑入侵宁夏的主要通道。《中卫县志》记载:"黑山之南支,如怒犀奔饮于河,即胜金关也。石峰横峙,隔河与南岸泉眼山相对,拱抱县城为一关键云。"《嘉靖宁夏新志》云:"在城东六十里。弘治六年(1493年)参将韩玉筑,谓其过于金徙潼关。"天色阴沉,寒风凌烈。老树衰草、枯瘦山石、断墙残体又为古关平添几分沙场肃杀气势。我们顶着强劲的冷风拾阶而上,到达依山危立的关城顶部平台。墩台残体如毡帽,紧扣在台基上,警惕守望。青色毛石围成约60米见方、残高1~4米不等的墙坞保存得相当完好,仿佛巡访长城的士兵随时会回来。只有几道曾经有过建筑物的房址浅显壕沟显示出岁月的无情流逝。围墙外侧借山势削劈成陡峭悬崖,形势险要。山嘴西坡为缓冲地带,顺着山势建筑有关城墙体,虽经风化,底座犹存。我们沿着残墙向前走了一段,伫立,向西南远眺,白雾茫茫。山坡低缓处,三四百米开外有一处约100米见方的较大城堡遗址,也是韩玉主持修筑,持续使用100多年,万历四十一年(1613年)重修。城堡、墙坞、烽火台、长城共同组成了胜金关城防御体系。驻守墙坞和烽火台的士兵负责军事监测、搜集、传送情报,而城堡应为胜金关城军事指挥中心所在地;当然,也代行管理边境商贸事务。中卫是宁夏西路军事重镇,胜金关周围堡寨、关隘是西路重要驻军据点。据《嘉靖宁夏新志》载,明代西路中卫驻参将辖步骑兵多达7 641名。

墙坞残址应为重兵把守的胜金关烽火台及将士驻地。围墙内,高大雄伟的烽火台咄咄逼人,加之山头利风,猛烈如刺,对刘樱、瞿萍真是艰苦考验。我上到毡帽样墩台高处,风大,且急且冷,努力站稳,向四周观望。北面山峦起伏,沙丘纵横;南面黄河滔滔,蜿蜒东流。卫银公路从关城东侧经过,包兰铁路从关城下穿行而过,据说隧道洞口石壁上镌刻有"胜金关"三个大字。这里山河阻隔,路通一线,自古为兵家扼守雄关要隘:攻下胜金关,便可长驱中卫,再无险可守。

弘治以前,蒙古骑兵少则出动五六千,多则一二万,常窥伺入塞劫掠。嘉靖年间一次竟出动十几万人。镇关墩至胜金关近50公里地带,更是蒙古游骑袭扰的重点地区。他们甚至长驱直入到中卫城郊抢掠。青铜峡大坝至中卫城以北的卫宁北山高百米左右,沟宽岭秃,构不成天堑,不能阻止蒙古骑兵。

图1.7　胜金关城遗址

明宪宗时期（1447年—1487年）修筑一条起于甘肃靖远，经中卫、中宁，北接贺兰山的边墙防御蒙古游骑。边墙长约240公里，配以堡寨、烽火台，遇有敌情，白天举烟，夜间点火，以示报警。总领这一带的军事重地即是依山危立的胜金关。古诗云："银川到此启管键，襟山带水不可越。"《中卫县志》中录有周守域诗《胜金关怀古》："云茫茫，峰兀兀，雄关崛起势单车，北有沙漠之纵横，南有长河之滂渤，银川至此启管键，襟山带河不可越……"

根据宁夏文化厅马建军处长与许成编著的《宁夏古长城》，胜金关东南、北边皆有长城相连，如同两翼，拱护中卫。向东南沿贺兰山南坡及腾格里沙漠南缘一直到黑林，90公里；向北经中宁、青铜峡、永宁到三关口，125公里，为明成化年间巡抚都御史贾俊奏筑。

从关城遗址下来，继续驱车北上，大致与胜金关到三关口长城走向相同。杨文远已经伤风感冒，刘樱、瞿萍冻得瑟瑟发

抖，但他们都被这座著名关城的风采折服，赞叹。清冽寒风中登临古关，真是惬意。我再三慨叹这意外之喜，酝酿一首诗，记录感受：

胜金关

黄河平抚宁夏川，

孤城高耸胜金关。

驼铃马嘶今何在，

骋望苍茫云海间。

尘烟消散千秋过，

天地英雄属贺兰。

猎猎朔风诉不尽，

峥嵘岁月嘘唏叹。

发了微信。易华兄像微信平台执勤的士兵，马上反馈信息，他问我："肩水金关，胜金关，与金有关吗？"

想到兰州曾名为"金城"，取固若金汤之意，便如此回复。

大家还沉浸在刻骨寒意与漫灌萧瑟中，忽然，路牌显示石空大佛寺就在不远处。向路人打听，得知石空寺石窟俗称大佛寺，位于中宁县余丁乡集镇区东北角2公里处的双龙山南麓和金沙村界内。尽管冷风飕飕，尽管时间紧迫，还是决定去拜诣。汽车向左穿过包兰铁路的一个涵洞，前行不久，即到石空大佛寺。广场开阔，古寺寂静。维修加固工程处于暂停状态。裸露的山崖下，可见昔时凿窟造像痕迹，坍塌得面目全非。石空寺石窟被称为"丝绸之路上的小敦煌"，洞窟、造像、壁画残体与敦煌多有相似之处。

碑文显示石空寺石窟开凿于唐代，《陇右金石录》《甘肃新通志》记载:"石空寺以山得名,寺创于唐时,就山形凿石窟,窟内造像皆唐制。"明《嘉靖宁夏新志》称其为"元故寺",说明石窟在元时依然兴盛。明代任西安左卫千户杨郁有一首《咏石空寺》:

> 劳生不了漫匆匆,匹马冲寒过石空。
> 古洞仰观山拥北,洪涛俯瞰水流东。
> 一方有赖藩篱固,千里无虞道路通。
> 倚遍危栏情未已,淡烟衰草夕阳中。

另有明代佚名诗人诗歌咏颂石空寺:

> 叠嶂玲珑竦石空,谁开兰若碧云中。
> 僧闲夜夜燃灯坐,遥看青山一点红。

前者强调军事要隘的重要作用,后者则描绘了当年佛事盛况,并且一直延续到清代,如清人罗元琦诗:"洞壑嵌空最上乘,翠微台殿控金绳。半空错落悬星斗,知是花龛礼佛灯。"

石空寺石窟与近在咫尺的胜金关相映生辉,融雄强与慈悲为一体,体现出浓烈的边关文化特色。地处战乱纷繁之边地,佛教兴盛绵延如此之久,当与回鹘道、灵州道及富庶的黄河平原密切相关。史料载,石窟寺曾有大佛洞、万佛寺、百子观音洞、灵光洞等,在石窟前的石壁下曾建有寺院,几经兴衰,明代进行过维修扩建。如今,除万佛寺外,各窟均被流沙埋没。近年来,新修建筑不少。空寂院落和肃穆佛殿让新旧交替的痕迹无缝对接。经过几座佛殿,走到悬崖中腰间,对着几处裸露的残窟、壁画残迹感慨许久。其中较大窟体中三尊坐佛背墙塑像痕迹非常清晰,似有北魏时代的粗犷风格——石空寺初建唐代,或得益于唐太宗时代"参天至尊道""天可汗道"开通,在灵州成为全国政治中心后走向繁盛。雄踞漠北、助唐平叛的回鹘人曾经在信仰佛教与摩尼教之间犹豫不决,因此,该寺创建者是不是回鹘人?他们最初开创时会不会早于唐代?待考。

据介绍,石空寺馆藏文物均为上世纪八十年代初考古发掘时从各洞窟内出土,藏品包括木雕、石刻、铜佛、铜镜、经书、彩塑像等200多件,无比精美。2003年,宁夏文物部门维修时从19尊罗汉像肚中发现雕版印刷、活字印刷、毛笔手抄的汉文、藏文、蒙文、满文、梵文经书,分册页装、卷轴装、经折装、蝴蝶装。大佛寺馆藏的元明时代85尊彩塑像更是文物艺术珍品,有黑色、棕色和黄色人种,神态各异,栩栩如生。这些造像分别为汉族、藏族、蒙族、满族,以及波斯人和阿拉伯人。这些造像的人种、族别再次印证了回鹘道、灵州道的繁盛,难怪石空寺有"小敦煌"之称。

凿于半山腰的万佛洞和焰光洞规模很大,外面建有靠山楼三层,高耸巍峨,气势雄宏。我们被一架笔直的几乎悬空的木梯接引到楼上,抚栏喘息。窟外建筑与洞窟浑然一体,建筑手法、外观与敦煌莫高窟一脉相承。石空寺和敦煌莫高窟,作为回鹘道、灵州道东头和西头的两个重要节点,从壁画彩绘、造像、建筑、文字等多方面都可印证出来。

凭高远眺,是恬静田畴和农舍,更远处就是飘然而过的黄河。石空寺背山背沙,面对平原,风景融秀美与雄奇于一体。乾隆《中卫县志》如此描述:

寺在半山,为两院。东院山门内,重楼依山,楼下启洞而入,中若著邃屋。……两院梯上阶而上,有真武阁、亦因山窟而室。转西则新建佛殿巍然，内外各六楹。其前因山筑台，凭栏远眺，河流环抱，村堡错落。

清乾隆时中卫知县黄恩锡有一首《登石空寺》：

> 健足临高阁，披云上佛台。
> 河流环地曲，梵刹倚山开。
> 树隐烟光合，风鸣雨势来。
> 僧闲留客久，茶热劝添杯。

同期稍晚的宁夏知府顾光旭也有一首《石空寺》：

> 策马石空寺，登临畏及冬。
> 佛灯明古窦，僧语咽残钟。
> 白日有寒色，青山无碛容。
> 了然绝尘想，不必问降龙。

这些诗文表明石空寺建筑群确实是一处影响深远的佛教文化重地。因处在风沙猛烈的格里腾大沙漠南缘，加之晚清时期社会动乱，石窟逐渐荒弃。到20世纪40年代末，仅存当地群众称为"九间没梁洞"的明代石窟和一座洞前寺院。

居高临下，建筑群中的板雕、木雕、砖雕、石雕尽收眼底。木雕有佛坐像、菩萨坐像、韦陀骑马像等，其中一块松木板使用难度极高的透雕工艺雕刻"二龙戏珠"图案，两条游龙头之间有宝珠，珠上刻旋纹，周边是火焰纹，显示宝珠正在高速旋转、燃烧。二龙双目圆睁，张牙舞爪，同时扑向宝珠，而宝珠则在旋转中猛然升高。龙须、龙角、龙鳞非常精细，龙头聚于中，龙尾摆两边，活灵活现。石雕有石香炉、莲花灯、瑞兽等。瑞兽长着牛头角，鹿身子，羊蹄子，马尾巴，人称"四不像"。它双目如珠，双耳支起，张口鸣叫，表现出跳跃嬉戏的快乐画面。屋脊及飞檐两侧的砖雕刻有莲花、莲叶、藤蔓等图案。顶端及四角处迎风林立的是传说中龙之末子螭吻。这条鱼形龙又名鸱尾，喜欢四处眺望，所以古代常安置在殿脊两端。佛经中螭吻是雨神座下之物，能够灭火。

以前参观古代建筑，往往都是仰视。而在这里则可以居高俯瞰，平视观摩。这些造型和图案都有各自的来龙去脉与文化渊源。刘樱仔细观瞻，拍了很多照片。

"石空灯火"曾是"中宁八景"之一。与敦煌莫高窟的开创一样，也有美丽传说，清时就在双龙山一带流传：当初，夜幕降临后，仙女驾云而来，撒下光芒四射的珍珠玛瑙为人间照明。有个青年求她留住人间。仙女拔下玉簪，让他插入石山。言毕消失，玉簪变成金钥匙。青年用它对准石缝轻轻一插，山崩地裂，山中飞出一座座宫殿。此后，黑夜降临，灯火辉煌，鼓乐自鸣，仙女翩翩起舞。人们爬到山腰走进宫殿时灯息烟消，鼓偃舞停，宫殿竟是密如蜂窝的石洞，洞内有佛像和壁画。佛光从石洞射出，好似星斗挂天空，"石空"因而得名。这个传说故事中的一个细节很有意思：仙女的玉簪变成金钥匙。牵强附会地设想一下，这是否包含着古老岁月中商道流通物品发生重大变化的信息？若果有更多证据能够形成链条，可证明胜金关就是草原丝绸之路向内地输入玉石的主要关口之一。

双龙山古称石空山，根据传说，应该先有种种佛教瑞祥，之后才开窟造像。"石空夜灯"不可见，只有一座坍塌的烽火台稳坐山巅。我们沿着土路攀登被流沙覆盖的石山。山上本来面目应该是"青山无磴容"，因为流沙堆积，便滋生了黑柴、蒿草之类矮小植物，稀稀落落，散布各处。一只喜鹊紧挨地面，艰难飞进。它的羽毛被大风吹起。我驻足休息，观赏它飞翔的姿态。可爱的家伙！

就这样的环境
这样的力程
我们飞呀飞
不管飞多远，多高，
我们唯有长有一点自豪，
我们在飞！飞！
那怕很笨拙
我们在飞！
坚定地飞！

喜鹊似乎看穿我的心思，戛戛叫几声，似乎问我们干什么去。到山腰间，风越来越猛，几乎逼人倒退。"白日有寒色"，寒风刺骨。我们低着头，俯下身，徐徐上到几乎与山丘融成一体的烽火台处。以石空山为界，东西两重天。向西眺望，真切感受到腾格里沙漠的威势。碱滩、沙丘、风蚀台地构成的荒原，像野马般桀骜不驯，无拘无束延伸，似乎把时间都远远甩到了后面。仔细观看，隐约可见几座烽火台连成一线，向沙漠深处冲去。那也是长城勇往直前的走向，只是天高地远，看不清楚；向东望，是平坦温顺的黄河平原。明朝百姓高度警惕，耕牧时都要手持兵器，结伙成群，随时防备从沙漠里冲杀出来的骑兵。

宁夏社会科学院历史研究所所长、《西夏研究》主编薛正昌先生打来电话，得知我们还在胜金关、石空寺一带流连徘徊,颇为吃惊。匆匆聊几句,就上路了。经过石空镇、白马湖、广武村、旋风槽、陈袁滩等地到达青铜峡市郊。很早就知道建于西夏、兴盛于蒙元的青铜峡108塔,但现在只能远望,行注目礼。

青铜峡是牛首山与贺兰山之间一段陡峭山谷,黄河从中穿过。我们停车,观察一阵周边地理环境,过吴忠叶盛黄河大桥,到吴忠市,宽阔的开元大道把我们带回大唐时代。

黄河是中华民族母亲河,在此地就不是一种概念,可感可触。

吴忠市地处宁夏平原腹地,是河套文化的重要组成部分。著名的水洞沟遗址证明早在三万年前就有羌、戎等古代游牧民族在此放牧。考古发现与研究证明东西文化在旧石器时代晚期就开始接触。1923年,法国古生物学家德日进和桑志华发掘水洞沟旧石器时代晚期遗址,发现属于西方莫斯特文化的勒瓦娄哇石器。接着,黑龙江、山西、内蒙古和新疆等地先后发现勒瓦娄哇石器遗址。这些考古研究成果证明早在10万年前就有一支掌握勒瓦娄哇石器先进技术的人群经过中亚草原到达新疆,之后又到宁夏水洞沟、内蒙古、山西、黑龙江等地。他们行走的路线大体与草原丝绸之路重合。有些学者将西方向东传播石器技术的道路称为"史前石器之路"。

这支"欧亚旧石器工业技术革命"大军几乎横穿欧亚大陆的北部,估计很受当地先民欢迎,所以才能够长驱直入。2013年10月底我到韩国开会、考察时,看到《史记》、《汉书》称为塞种、尖帽塞人或萨迦人的斯基泰文化遗址,现在想来,一点都不奇怪。斯基泰人是史载最早的游牧民族,游牧地从俄罗斯东部一直延伸到内蒙古和鄂尔多斯沙漠。

10万年前,一支掌握先进石器技术的西方人如何穿越腾格里沙漠，经过胜金关或赤木关（即三关）到了水洞沟？是引进的特殊人才，还是用大量牲畜交换到的俘虏？他们初期到达黄河绿洲时，有没有喜鹊好奇地问这问那？这一切，都成了化石般谜团。

水洞沟文化开启了外来文化与本土文化在宁夏大地上的碰撞历史。此后，在漫长的岁月演进中，这种碰撞逐渐从游牧民族之间转向农耕民族之间，使这里成为两大文化旷日持久的交会融合地带。2015年2月6日的午餐——羊肉面片也能体现出这种融合的影子。

因是阴天，光线时暗时明，感觉夜幕随时会突然滑落。我们本来打算要参观吴忠、灵武博物馆，但考虑到原来的行程安排，决定直接前往贺兰山考察岩画。

继续走201省道。这条道路与新修高速最大不同是没护栏，两边有绿化带，透过排列整齐的树林能望看到休闲度寒假的田野。槐树、沙枣树、杨树上的椭圆形鹊巢很多。也有喜鹊忽然从树枝间蹿飞出来，做秀似的滑翔到对面荒草丛里，驾车的军政明显吃了一惊。也好，它们提醒驾驶员别超速，要谨慎。

临近银川郊区，上环城高速，之后走一段109国道，终于在灰暗天空下看到了贺兰山的姿影。随着地势抬高，树林逐渐减少，很快就剩下点缀着矮生植物的砾石滩。这些砾石、砂土是贺兰山发洪水时冲带过来的，成为这座著名山脉的辽阔襟带。

贺兰山南北长220公里，东西宽20～40公里，主峰也称贺兰山，海拔3 556米，垂直分布着青海云杉、山杨、白桦、油松、蒙古扁桃等665种植物，生存着马鹿、獐、盘羊、金钱豹、青羊、石貂、蓝马鸡等180余种动物。1988年，被国务院公布为国家级保护区，面积6.1万公顷。从中卫开始，我们就与贺兰山若即若离，但南段山势舒缓平坦，三关口以北则山势较高，真正阻挡了腾格里沙漠的高寒气流和沙丘东西，成为我国草原与荒漠、半农半牧区和纯牧区的天然分界线。

与阿尔泰山、祁连山、阴山等名山一样，贺兰山几乎一直处于承领战争状态。关于贺兰山，自古就有"驳马"和"贺赖"之说。唐李吉甫《元和郡县志》记载："山多树林，青白望如驳马，北人呼驳为贺兰。"后世沿袭，并引申出阿拉善山之说；《晋书·四夷列传》则有关于"北狄"记载："其入居者有屠各种……贺赖种……凡19种。"宋朝胡三省注疏《资治通鉴》说"兰、赖，语转耳"。当代学者殷宪研究认为贺赖系鲜卑族支破多罗部族名和姓氏简称多兰之名的口语音转，又异译为贺兰等。破多罗部是众多鲜卑分支的祖族源。公元216年前后，匈奴从漠北迁居并州（今山西），众鲜卑部落随后迁居匈奴故地，分为两支：一支史称贺兰部，与鲜卑拓跋部迁居大阴山（今内蒙古中部）；另一支仍称破多罗（又称贺赖），随匈奴南迁并州。公元前272年，秦军击溃义渠戎，贺兰山地区纳入秦帝国版图。其后与匈奴交互占据。公元前127年，汉将卫青、李息率军北击匈奴，再次将中原军事力量延伸到贺兰山。公元284年—287年，匈奴再次内迁，引发北方民族大调整，居河套的各鲜卑部族被迫南走西迁。原居乞伏山（今贺兰山）的鲜卑乞伏部南徙牵屯山（今六盘山）。破多罗作为匈奴属部入居乞伏山。于是，因破多罗部简称贺赖山、苟蓝山、贺兰山，隋初确定为"贺兰山"，流传至今。唐时，突厥、吐蕃和回纥占据贺兰山。

从宁夏南下甘肃，有平罗、镇罗、榜罗、上罗、下罗等地名，曾请教语言学家雒鹏教授，他认为"罗"是蒙古语"拉"的转音。再远点，会不会来源于破多罗？

贺兰山自然资源丰富，山前冲积平原辽阔，可猎可牧，也可据险御敌，是游牧民族的天堂，所以自古以来就是群雄角逐的战略要地。如今天，这些民族的喜怒哀乐都烟消云散，唯有凿刻在岩石上的一幅幅岩画、组合画诉说着当年的生活与梦想。贺兰山岩画既有个体图像，也有组合画面；既有人物像、人面像，又有动物、天体、植物符号和不明含义的符号，还有描绘游牧、狩猎、械斗、舞蹈、杂技等场景的画面。

我们抵达苏峪口时，冷风飕飕，暮色四合。两只喜鹊叫个不停，声音清幽、孤寂。参观时间只有半小时。2012年9月，我曾在宁夏博物馆看过岩画展，联想颇多，一直渴盼实地考察。现在，又不得不擦肩而过。大地处处有精华，而时间不多一分一秒，奈若何？

遥望白雪皑皑的贺兰山，心潮澎湃。太阳意外从云层间露出面庞，与冷峻山脊、烽火台构成一幅雄壮而温婉的美丽图画。我想，那是古老岁月中游牧过的各个民族的生民之灵、万物之灵以主人的姿态跨越时空，向我们问好。

驱车返回时，一路下坡。贺兰山之高峻，由此可见一斑。

晚上，与薛正昌兄及宁夏文物保护中心主任马建军、《宁夏师范学院学报》主编方建春等文化界朋友聚谈，向他们请教很多灵州道及长城知识，拟定要联合搞一次文化考察活动。

六 2月7日上午，三关口，贺兰山长城，樊家营子山口

内蒙古作家协会副主席张继炼兄精瘦干练，像野山羊，激情充沛。考察开始前，他就打算驱车到景泰，给我们当向导，因为曾计划从内蒙古营盘水（腾格里额里斯镇）沿古盐道进入

察汗池盐池（嘉尔格勒赛汉镇），然后穿越荒漠，直接去巴彦浩特。那样可以节省时间，但就不考察灵州和灵州道了。最后还是按照原设计路线进行。

继炼兄为人热情爽直，与他交往，最简单，最直接。清晨7点刚过，我还在整理资料，他就来电话详细告知行动路线，约定在三关口见面。昨夜阿拉善大雪，他嘱我们一定要谨慎。

从银川西夏区出发，我们按照张主席的"导航图"，准确无误，走一段109国道后就转进102省道，虽然是直观可感的坡道，但车少，一路疾驰，向着三关口开去。

银巴高速在西边远处。从考察角度说，我更喜欢古朴的、没有栏杆的道路，随时可以停车观察、感受，或放慢速度拍照，都不会影响正常交通。加之早晨明媚的阳光照亮古老荒滩，尽管寒意无处不在，但内心还是非常欣慰，稀释了昨天傍晚"沙场秋点兵""贺兰山下阵如云，羽檄交驰日夕闻"的苍凉悲壮感。

以102省道为界，南边有烽火台彼此呼应，向贺兰山口延伸。我打算到跟前拍照，被钢丝围栏阻挡，无法靠近。远远拍照。又采摘三颗顽韧挂在带刺枝头的野酸枣，作为贺兰山地宝资料。向北张望，贺兰山如同雪青色骏马，威风凛凛，在蓝天荒原之间驰骋。相比之下，坐落在其东麓被世人誉为"神秘的奇迹""东方金字塔"的西夏王陵则像沧海一粟、银河星辰，在旷日持久的古原中显得格外孤单。1038年，一代枭雄、党项羌族首领李元昊踌躇满志在兴庆府（银川）称帝建国，1227年被蒙古干戈击碎，存在189年，10代皇帝。历代皇帝寝陵及王侯勋戚陪葬墓吸收秦汉以来，尤其是唐宋皇陵之所长，将汉族文化、佛教文化与党项民族文化有机地结合，布局严整，气宇轩昂。经过千年铁骑践踏和时光淘汰，衰微不堪，像明代安塞王朱秩炅诗《古冢谣》所咏叹：

> 贺兰山下古冢稠，高下有如浮水沤。
>
> 道逢古老向我告，云是昔年王与侯。

安塞王时代尚可见"古冢稠"，尚可"逢古老"，从明代到如今，又过去了几百年，那些曾经辉煌的阙台、神墙、碑亭、角楼、月城、内城、献殿、灵台等建筑再也无力诉说鲜卑拓跋氏从北魏平城到党项西夏风驰电掣般的煊赫历史。

西夏王朝"三分天下居其一，雄踞西北两百年"，前期与北宋、辽平分秋色，中后期与南宋、金鼎足而立，疆域"东尽黄河，西界玉门，南接萧关，北控大漠，地方万余里"，鼎盛时面积约83万平方公里，包括宁夏、甘肃大部、内蒙古西部、陕西北部、青海东部、新疆东部及蒙古南部，正是绿洲丝绸之路和草原丝绸之路的主要辐射区域。

102省道与银巴高速在赤木关（三关口）会合。2012年9月我们穿越时走高速，呼啸而过，没感觉。现在，从很远地方就可以看到两山张开两翼形成的峡谷轮廓，越近越清晰，肃杀之气也越来越浓烈。经过一座搭建在山脚河沟上的桥梁，驰过一片荒草滩，银装素裹、凌然威严的贺兰山山脉如劲挺臂膀，拱卫出一道峡谷。三关口冷峻地横亘在前方。谷口以南，贺兰山脚与深沟之间，有一道土墙顺延而去。那是长城残体。一个王朝的雄强姿影如此鲜明地铆在贺兰山畔。

明初国势强盛，为抵御蒙古诸部侵扰，开始长达一百多年修筑长城（当时称为边墙）的艰苦历程，因事关西北边陲国防，《明史》中有详细记载。1372年，出兵15万进击漠北，西路打通河西走廊，设甘州、庄浪诸卫。1387年，大将军冯胜、兰玉经略东北,将边界推进到大兴安岭以西。1410—1424年,明成祖朱棣先后5次发兵深入漠北,迫使瓦剌和鞑靼接受册封。明王朝北部边防线推进到大兴安岭、阴山、贺兰山以西以北。明前期,长城工程主要是在北魏、北齐、隋长城基础上"峻垣深壕,烽堠相接""各处烟墩务增筑高厚,上贮五月粮及柴薪药弩,墩旁开井……"自长安岭(宣化境内)迤西,至洗马林(山西天镇)增建烟墩、烽堠、戍堡、壕堑,重点修缮北京西北至山西大同的外边长城和山海关至居庸关的沿边关隘。"土木之变"后,瓦剌、鞑靼屡次犯边掳掠,迫使明王朝把修筑北方长城,增建墩堡作为当务之急。1432—1443年,宁夏镇总兵官史钊在贺兰山修筑赤木关和烽燧敌台。1471年,朝廷命延绥巡抚都御史余子俊因袭隋朝崔仲方所筑灵、绥长城西段旧基,"由黄甫川西至定边营千二百余里,墩堡相望,横截套口;内复堑山堙谷,曰夹道,东抵偏头,西终宁固"。1474年,徐廷璋、范瑾督造"自黄沙咀起、至花马池止,长三百八十七里"的宁夏河东长城。黄沙咀位于横城堡(灵武横城子村)西北,花马池即宁夏盐池县城。这条长城沿用隋代灵、绥长城一部分旧基,东与延绥镇相接。1476年,宁夏巡抚督御史贾俊主持构筑贺兰山双山南口(青铜峡西北岔口)至广武营(青铜峡广武乡)、永安墩(中卫县西南)至西沙咀(中卫县柔远堡村)的宁夏西南边墙。又在宁夏陶乐县东岸修建北起镇远关(宁夏石嘴山东北)所对黄河东岸,南接横城堡"河东墙"的河东"十八墩边墙"。嘉靖年间,宁夏镇边墙连缀成一体,东南起自花马池与延绥镇长城相接处,西北经兴武营、横城堡沿黄河东岸北行至石嘴山,越黄河,经镇远关绕弧型,再依贺兰山东坡南下直至枣园堡转向西行,在中卫止于黄河北岸。1501年,明王朝成立固原镇,设总兵官,兴筑长城,"总制筑内边一条,自饶阳界起，西至徐斌水三百余里，系固原地界；自徐斌水起，西至靖虏花儿岔止，长六百余里，亦各修筑……屹然为关中重险。"1522—1566年，杨一清、刘天和等相继主持修缮改造自定边营（治今陕北定边县）向南经石涝池、新兴诸堡至龙州城与旧墙相接，依托白子山，防止入犯环（县）、庆（阳）的南道长城。同时，固原镇将靖虏卫（今靖远）西南沿黄河东南岸修筑的墩台加筑，穿过兰州市，顺洮河东岸向南延伸到岷县境内，称"黄河一条边墙"和"洮州十关"。1531年，宁夏佥事齐之耗"万金"修筑南起大坝堡、北连三关口长达80公里的长城，后被风沙填平。1540年，宁夏巡抚杨守礼派吕仲良率一千人修复赤木口关。

巍巍关城不再，只有谷风飕飕。进入山口，因气候变凉，积雪未化，汽车在河床边的柏油路上缓慢行驶，我正好从容观察两边山形地貌。贺兰山一脉相承，十分陡峭，但到三关口处陡然平缓，地势开阔，成为天造地设的关口、天堑通途，为阿拉善高原进入宁夏平原的重要通道，也是北出塞外的雄关，自古就是战略要地。从西周时期经营泾阳，历经秦、汉及北朝时期各少数民族，尤其是宇文泰等，更是注重。成吉思汗第三次攻打西夏时也把西夏重要屯兵之地三关口（当时称克夷门）作为突破口。明朝，蒙古鞑靼和瓦剌等部经常从阿拉善台地进入贺兰山赤木口。杨守礼、总兵官任杰奏请朝廷修筑贺兰山诸重要关口，在三关口从东向西设关三道：头道关为主关，南北与长城主体城墙连接，夯土城墙起于北侧山上，过关后向南蜿蜒；过头道关顺公路向西约2.5公里即为二道关，现残存关口南侧山头上一座夯土墩台；过二道关，向西行进，山谷渐趋狭窄，约2.5公里，两山相夹一道，沟水中分，山峰巍峨，谷底险峻，颇有"一夫当关，万夫莫开"之势，十分险要。此即第三道关。我们小心翼翼走完二道关，即将出第三道关，接到张继炼兄电话，说见车了，让我们掉头到三关口会合。

　　我们多了一次穿越三关、换个角度巡视嵯峨雄山的机会。

　　三关口还有个名字——赤木口，明代《赤木口关记》记载：

　　　　贺兰山四百余里，蹊径可驰入者五十余处，而赤木口尤易入。昔人筑关削崖以绝其道，立墩台，布戍卒守之。

图1.8　贺兰山三关口，长城

可见赤木之名最早出现在明代。会不会是蒙古语译名？我打电话请教土尔扈特后裔、新疆社科院学者才吾加甫老兄，他自言自语，嘀咕几句，说好像不是蒙古语。我看地图上阿拉善左旗有个地方叫"布日嘎斯太"，问何意。他脱口而出：是"柳树"，新疆、内蒙古有很多地方都以此命名！我笑说，看来赤木八成是地地道道的汉语名了。

坡陡路滑，大约5公里的返程更慢，感觉在历史长河中跌宕起伏，直到看见张继炼老兄身着蓝色风衣伫立在风中向我们招手才回到现实。我们也泊车于路东当年三关口内"缓口可容百马"之处。老友相见，兴奋不已。雪风无形，却硬如钢铁，尖、利、瘦、清、冷、韧，俨然古关骁勇劲旅，严厉抵制我们冒犯。如此严寒环境，容不得大家说套话、废话，即可进入考察。以前，南北两边飞舞而来的长城将头道关口切断，向北沿山脊延伸的墙体以石块垒砌，每段拐弯处都有墩台，墙、墩台已残损，仅留部分基址；向东南延伸的长城较为完整，墙顶两侧筑有女墙。修银巴公路时，在"v"形谷底开出一道豁口，成为内蒙古与宁夏的交界地，长城内侧，是宁夏2001年立的全国重点文物长城保护碑，外侧是内蒙古2011年立的蒙汉双语全国重点文物明长城保护碑。两座碑相距不远，但因冰雪覆地，行走困难，似乎当年对峙双方铁骑虎视眈眈、枕戈以待的险情依然存在。

大伙出关、入关，过足瘾后，穿过一片短而窄的滩地，沿陡峭石山向着顶端长城攀登。山陡路滑，有些地方不得不俯身抓住矮生植物枯萎根茎借力。遇到平缓山坡，便不失时机地回首观望。褶皱雄山、悬臂长城、烽火台、峡谷、银巴高速、银巴公路互为衬托，彼此支援，仿佛关西大汉壮怀激烈，执铁板，抚琵琶，高唱大江东去。自古以来，多少操不同语言、着不同服饰的族群来来往往，胶着厮杀，争夺不休。如今，铁甲战马代之以鱼贯而入、呼啸而过的现代车辆。时代更迭之迅速，恍如烟梦，又似白驹过隙。

越往高处，风越猛，萧萧冽冽，如战马嘶鸣。我用手机拍照，动辄被冻死机。刘樱、瞿萍将脸部包裹得严严实实，只在眼部留出一道缝隙。杨文远感冒竟然被意外冻好。我们躬身前行，气喘如牛，每个人的清寒影子在雪山间来回拖曳。终于到达山脊，与长城残体靠齐。俯瞰峡谷，咽喉要道之轮廓形态一览无余。放眼四望，目之所及，尽皆巨浪雪涛。东边广袤坡地以东的宁夏平原莽莽苍苍、漠漠迷蒙，近处巍峨雄山则大开大合，与它们承载的长城残体一样保持清醒、警觉。残墙内外都有当年对峙双方士兵走过的路迹：外侧，入侵者要寻找突破口；内侧，防守士兵随时修补。双方士兵巡防时会不会相遇？隔墙辱骂？互送礼物？比酒量？比举重？比歌喉？比赛谁认识的麻黄、山桃花之类植物品种多？不得而知。所有喧嚣都归于清凌凌的雪山，归于静默。

明朝修筑长城时，因此地多沙砾，少土壤，军士们遍剖诸崖谷取壤土。又做百辆水车从离关口20多公里的平吉堡取水，搅拌壤土与砾石，沿山脊、山峰走势夯筑成异常坚固的墙体，虽经风沙侵蚀，多处颓圮，但主体筋骨仍傲立不倒，雄视山野。我用冻僵的双手试图抚摸墙体，分明感受到那种在旷古孤独中练就的硬气。在冷酷墙体中，意外看到一株枯黄的处于沉睡状态的蒙古扁桃，张继炼兄肯定说是明朝时人当年取土时带来种子或草根，夯进墙体，得雨雪滋润，繁衍至今。蒙古扁桃是多年生灌木，平均寿命为70～80年，高可达3～4米，4月开花。开花季节，一树树粉红、粉白的花朵盛开，浓郁清香。6～7月果实成熟，俗称山桃胡。长城中的蒙古扁桃犹如美女回眸一笑，瞬间感化凝固的历史，并且充满暖意，给冷峻刚强的石山和长城增添一抹柔美。

张继炼兄几天前在电话中就说三关口的长城建筑独特，果不其然。除了夯筑，还有四种建筑方法：其一，用石块砌垒；其二，挖成壕沟；其三，埋成长城；其四，根据地势特征，削劈山崖形成石质长城，因险制塞，因地制宜。几块巨大岩石上都明显留下凿剥痕迹。张继炼兄问这种加工方法用什么词形容比较恰当。我思忖一下，说"劈"较合适。又想到贺兰山另一著名关口"打硙口"，豁然开朗，答案就在"硙"！"硙"本义是石磨，"造治碾硙"。《说文解字》说："硙，磨也，古者公输班作硙。"引申作动词，如"硙面""硙墨"。又作形容词，坚固意，张衡《思玄赋》："行积冰之硙硙兮，清泉洹而不流。"还有山峰高峻之意，与宋玉《高唐赋》中"盘岸巑岏"之"巑岏"意同。硙的词性变化反映出石磨材质的来源、特征、加工方法等。明初，朝廷下令在蒙古骑兵进出宁夏捷径、宁夏西边墙、北边墙和贺兰山口交会处沿沟谷设关三道，统称打硙口，又叫"大硙口"，意为"打凿石磨的山口"，可推想修筑之艰难辛苦。1510年后关口渐至颓废，特别是1531年在旧北长城内复筑长城后彻底废弃，打硙口遂成为新长城前沿阵地。后来，清代设打硙口堡。1943年，国民党宁夏省政府建设厅厅长李翰园改为"大武口"，沿用至今。

回想当年，明朝东有倭寇侵扰，西有铁骑犯边，政府斥巨资修筑万里长城，令人惊叹。尤其是贺兰山一带，气候恶劣，地形险峻，建筑、戍守、维护、供给都极为困难。即便如此，明王朝非常重视三关口军事防务。史载仅一次修关就派4 000多名军夫。平常派驻游击将军统千军以防备。

猎猎风中，耳边飘起毛阿敏悲壮豪迈的歌声："暗淡了刀光剑影，远去了鼓角铮鸣，眼前飞扬着一个个鲜活的面容。湮没了黄尘古道，荒芜了烽火边城……"

主持重修赤木关的是时任宁夏巡抚的山西蒲州人杨守礼。这位曾任湖广签事、叙州通判、右副都御史巡抚四川、河南参政等职的进士于1539年秋履职宁夏，锐意经略，整肃边防，修筑贺兰山赤木关。次年春，他率宁夏总兵官任杰、参将等文武官员到打硙口巡防时作过一首诗《入打硙口》：

> 打硙古塞黄尘合，匹马登临亦壮哉。
> 云逗旌旗春草淡，风清鼓吹野烟开。
> 山川设险何年废，文武提兵今日来。
> 收拾边疆归一统，惭无韩范济时才。

10月27日，率军巡察贺兰山途中，又作《途中口占》：

> 庚子十月念七日，挝鼓扬兵入贺兰。
> 仙客有情拼我醉，名山无主待人看。
> 筹边喜见重城固，报国羞称万户安。
> 分付胡儿莫作恶，霜风烈烈阵云寒。

从诗作内容和创作时间来看，作《入打硙口》时修筑赤木关及防御边墙体系时正在施工，仅仅过了半年，便"筹边喜见重城固"，可谓神速。如果说杨守礼春到贺兰山是勘察地理形势，那么秋天就是检阅加固边墙、增筑关堡的浩大工程了。这项兴利除弊、"利益于宁夏之大者无逾于此"的边务工程深得人心，杨守礼也满怀喜悦，邀请潘九龄、刘思唐等文人同行，吟诗唱和。潘九龄写了《次南涧中丞公阅赤木口途中口占》：

范老提兵遥出塞，偶随旌节到西兰。

风前野鹿将群避，谷口寒花带笑看。

百堵当关千仞险，一劳为国万年安。

悬知此后烽烟息，共说毡裘胆已寒。

刘思唐写了《和南涧中丞公途中口占》：

鸣笳叠鼓麾诸将，晴日双旌驻贺兰。

青海远从天际断，黄河如在镜中看。

霜风已扫胡尘净，烟火还闻汉戍安。

经略于今多上策，遥知西贼胆应寒。

对边塞安定的喜悦之情，跃然纸上。

这年冬天，杨守礼因功升右都御史总督陕西三边军务。

嶒岘贺兰，长城硑硑。激荡龙舞，豪迈振飞。屹立半空，凌然生威。伟业千秋，日月同辉……

下石山，驱车缓行。虽然寒风依旧，却总觉得春意盎然，"谷口寒花带笑看"。隐隐约约遥闻万山峰顶、峡谷内将士欢呼的豪壮声音。历史纠结，长城阻隔，挡不住各族人民向往沟通、向往交流的强烈愿望，烽烟过后，天清气朗，长城内外的人们又握手言欢，紧紧拥抱。我赞成张继炼兄的观点：换个角度来看，长城并非敌对的象征符号，它是世世代代不同肤色不同信仰的人们不断消除隔膜、走向真诚和友谊的见证！当年，长期与明朝对抗的是俺答、阿不孩和吉囊等部落，我曾请教过才吾加甫，俺答、阿不孩蒙古语意分别为"铁哥们"和"叔叔、富人"，双方在时而激烈时而温和的对抗中，长城不知不觉成为他们建立亲情和友爱的纽带，这也正是历史长河中多元文化从碰撞到融合的普遍规律。

春风骀荡中，我们过了三道关，进入辽阔平坦、苍茫悠远的阿拉善荒原。从现在开始，也算是结束了在边缘观望、徘徊状态，切切实实走近腾格里沙漠了。

接下来考察樊家营子山口。张继炼兄约好拍鸟专家王志芳在中途会面，然后向东走一段柏油路，到贺兰山国家级自然保护区管理局金星管护站，与管理林业工作者希尔顿对接。这位43岁的蒙古族男子原名叫额日德木图坦诚开朗，说管护站距离樊家营子大约11公里，以后的路很难走。果然，进入保护站围栏，就是一条几乎看不见车辙的坑洼便道若有若无地浮在阔大的洪积扇荒滩上，加之白雪覆盖，极难辨认。王志芳开道，我们追随。因历年来洪水多次猛烈冲刷，滩地石块形成突兀参差的浪涛，汽车速度放到最慢，还是如船过急流险滩，颠簸不已。途中，看到7只马鹿和4只岩羊（毛色接近山石，当地人称为青羊），都是远观。它们也若无其事地打量着不速之客。到达距离山口还有2公里的废弃羊房子处，坡度更陡，石头更大，几乎无法通行。我们再也无力徒步来回走四公里，就此却步，远望山口。

2014年夏天，阿拉善曾经组织过一次有800名人士参加的徒步穿越古道活动，其中800名人士成功穿过樊家营子山口，到达贺兰山东边的苏峪口。

希尔顿向我们介绍当地著名的黄刺梅和蒙古扁桃。说起他们首先发现的马鹿、岩羊，牵扯到一些野生动物知识。1965年，贺兰山曾消灭300只狼。此后，天敌减少，野生动物大量繁殖，威胁到了生态。这种矛盾在很多保护区都存在。

返回时，正逢一大群棕色、白色相间的骆驼群进入滩地吃草。大家喜出望外，困意顿消，跑到路边荒地高处。天空蔚蓝，空气洁净。河谷地带、戈壁滩上，骆驼从容自在，信步游走，让我想起一句诗：风一样驰骋，花一样盛开。

性情所致，我大喊一声："同志们好！"这帮闲散的家伙慢悠悠抬起头，边咀嚼边打量，气宇轩昂，造型绝佳，正好拍照。

阿拉善盟素有"骆驼之乡"美誉，骆驼总数占到全国的近三分之一。2002年，阿拉善骆驼被国家农业部列入国家级78种畜禽品种资源保护名录。阿拉善男女老少牧民都练就一套夏骑马、冬乘骆驼的高超骑术。放牧中，他们挑选强健的驼，三五成群，相互赛跑。每逢婚宴、敖包盛会、寺庙经会等重要活动，也驱驼疾驰，形成独特的骆驼文化。

驼奶也是一种健康食品，据说可以治疗糖尿病，每公斤50元，供不应求。

七 2月7日下午，采访骆驼客

中午吃了一顿阿拉善特有食品：莜麦窝窝。很香很美，但说不出究竟像什么香、什么美。发到微信群中，馋倒一片朋友。

用完餐，已经下午四点。稍事休息，便到张继炼兄联系好的一家园区物业办公室采访三位骆驼客。他们由张继炼姑父帮忙请到。他们衣着朴素，沉默寡言，岁月雕刻、渗透进在脸上和表情里的沧桑若隐若现。

阿拉善政协副主席、诗人王秋才也闻讯赶来。2014年10月，阿拉善政协组织了由10名专家、新闻工作者参加的"古驼道探秘活动"，历时4天，经过孟根、雅布赖山、大红山，穿越300多公里的无人沙漠区，到达额济纳旗。考察团成员通过沿途考察，收集资料，最终形成具有文献价值和人类学价值的专著《拉驼人记忆》。他们在阿拉善右旗共采访三位骆驼客，已委托阿右旗相关人员整理。王秋才爽快表示将来给我们提供一份资料共享。

录音、照相工作准备停当，采访开始。我们整理录音资料时只做很小的技术改动，以期保持受访者叙述的原貌。

第一位老骆驼客，黄庭正，77岁，祖籍民勤，家乡在塔木素镇格日图队嘎岔村。民勤到嘎岔大约200里。父辈均以拉骆驼为生。他18岁从民勤到牧区，在嘎岔放1年骆驼，就开始从吉兰泰往三道坎（黄河边的水运码头）驼盐，路线为：嘎岔—塔木素—阿拉腾敖包—巴彦诺日公—苏海图—八音乌拉—吉兰泰—乌达（三道坎）。嘎岔到吉兰泰单程要走十几天时间。最多时一天走70公里路，最少也有60公里。骆驼客要自带牲口饲料。每人拉6连子，每连子有15峰骆驼。根据水源之间距离决定路程长短，不论下雪吹大风都要前进。但拉骆驼的路线并不固定，一般寻找最便利的路线前进。每次出行，都由经验丰富的老骆驼客带领。他们沿着水井走路，白天赶路，晚上休息，中途不停。到哪里就住到哪，有时候拉帐篷，有时候露宿，每个地方都有泉水。做饭时，烧火一般用梭梭。他们主要吃米、面、骆驼肉、羊肉。驼盐途中遇到过狐狸，但没有遇到狼和土匪抢劫。

黄庭正从察汗池盐池往营盘水驼过盐。从嘎岔到察汗池盐池需要八、九天，察汗池到营盘水需要五六天。吉兰泰驼盐到乌达、磴口，需要走五天。他们一般在吉兰泰到磴口之间往返，不再回嘎查，往返一次大概需要一个月左右时间。他从嘎岔往额济纳旗驼过盐，也往其他地方送过盐，先用五六天时间从民勤到雅布赖盐场驮上盐，再花八、九天时间驮往金昌河西堡、扁都口等地换粮食。雅布赖盐场的盐比吉兰泰品质好，当时就很有名。

当时，一个骆驼挣1个工分，比从事农业劳动挣得工分多。

黄庭正从事拉骆驼总共有十几年。之后，以农业为生。现在，他随着孩子在阿拉善生活，老家房子还在，但已经禁牧。

第二位老骆驼客，潘存摇，78岁。老家在民勤东湖镇子，祖上在牧区放羊，他17岁开始拉骆驼，挣工分。当时，潘存摇居住在巴彦诺日公通古图五队嘎岔村。刚开始拉骆驼时，一人负责15峰骆驼，后来增加到20峰，最多时，一人负责20多峰骆驼。行路中，潘存摇会自己唱秦腔、眉户、蒙古小调等进行自我放松，提醒自己不要犯迷糊。通常五更起身，摸黑赶路，走到晚上看不见路了才歇息，住在随身携带的帐篷中，一个帐篷一般住4个人。吃米饭、面食，还有羊肉、骆驼肉。

图1.9　采访骆驼客后合影

驼驼客一般只在秋冬季节活动，穿毛嘎登（毡靴子），夏季则进行休整，让骆驼"抓膘"。放骆驼时可能碰到过狼。狼不伤人，但会咬骆驼，而拉骆驼时一般碰不到狼，也没有其他大型动物。

潘存摇20岁结婚，婚后仍然拉骆驼，每个冬天驮十二次盐到河套地区，再从河套驮粮回来。他到过三盛公（水利枢纽，在磴口）、乌达（三道坎）、察汗池、营盘水、中卫等地。1964年吉兰泰通火车，他结束骆驼客生涯。

牧区有很多蒙古女人也从事驮盐职业，她们力气较大，独自能将盐口袋放上骆驼。

有些民勤男子娶蒙古姑娘，就随了蒙古人，成为蒙古人。来回走动，（不少）民勤人也懂得蒙语了。阿拉善人学汉语也是民勤人教的。

第三位老骆驼客，富美年，77岁，老家在民勤东湖镇。13岁开始在民勤跟随别人拉骆驼，从雅布赖盐场往民勤、河西堡送盐。入社后，在民勤当地质队当当四年工人。后来在电油厂工作。再后来，在民勤拉骆驼，吉兰泰、察汗池、雅布赖三个盐池都到过，一般从察汗池盐场向哈思哈苏木、察汗池苏木、伊克尔苏木、中卫莫家楼、营盘水驮盐。沙漠中的苏木绝大多数是民勤人。从阿奇到民勤大约500华里，需八、九天时间才能到达。

骆驼客一般五更天出发，途中休息吃饭后，还需专人放骆驼。整个过程十分辛苦。因为这是极苦的差事，东家、商家都善待。天气冷了，会配备棉衣棉裤，送盐到莫家楼后，对方接待，比较客气，称年长的骆驼客为"驼户大爷"，稍年轻的则称为"掌柜子""先生"。头一顿饭不要钱，还帮忙喂骆驼。

回忆拉骆驼往事，富美年一再说苦。1967年，下了几天大雪，驼队被阻隔到沙漠中，专门派人到三道湖取来粮食，摆脱危机。

1979年通汽车后，他不再拉骆驼，在民勤种田。后来随孩子居住在巴彦浩特。

富羡年的二叔也是骆驼客，经常走察汗池、中卫、中宁一线；每半年要走一次新疆，路线是：察汗池—景泰—河西走廊—哈密。通常，走长途前驼客们会挑选健壮的骆驼，从众多骆驼中"拔出来"。

……

我们切实感受着他们在苍茫沙漠中颠簸飘摇的酸甜苦辣。古今中外的驼队，大概就是这种生活模式。史载，粟特、罗马等国家的商队大多都带着小型乐舞组织，想一想他们长年累月在旅途中跋涉的单调和辛苦，就觉得理所当然。而更多商主愿意慷慨解囊兴修寺院，也折射出他们对生命意义的深刻理解和达观态度。

骆驼客

野马般飞翔的心思

很难从荒原收回

从这头到那头

从一段路到另一段路

不停地走

不停地想

风一样驰骋

花一样绽放

在岁月的褶皱中消化希望

交流过程中我提问，刘樱照相，瞿萍录音。应我们再三请求，潘存摇唱了《五哥放羊》和一首蒙古语歌，然后翻译出大意："找了一个朋友，时间长见一面。一见面，不认识了。"潘存摇比黄庭正、富羡年机灵，我半开玩笑问他，在枯燥的拉骆驼过程中，有没有受到过某些诱惑、思想跑过毛没有？潘存摇哈哈大笑连说没有。接着又说这个不能说。旁边坐的张继炼姑父笑着鼓励他可以说。潘存摇略显焦急，急忙用蒙古语打断。他俩用蒙古语交谈。大家茫然，懵懵懂懂。

采访结束，我再三表示诚挚感谢，并邀请他们合影留念。黄庭正似乎觉得拐棍是累赘，扔到草坪中。我急忙捡起来，双手递给他。照完相，他由衷说：感谢邀请我们照相。然后向着夕阳踯躅走去。我望着他缓慢移动的背影，无限感慨。阿·托尔斯泰说："在清水里泡三次，在血水里浴三次，在碱水里煮三次，我们就会纯净得不能再纯净了。"每每与骆驼客这样平凡劳动者交流时，我就想起这句话。

> 汽笛声中
> 他们为骆驼时代
> 为那个漫长时代画上句号
> 悄没声息　如同尘沙
> 没有伤感　没有留恋
> 只有岁月风化的笑容
> 在婆娑泪影中绽放

我邀请王秋才先生到宾馆，继续交流。不久，阿拉善盟骆驼研究所所长张文彬先生也被张继炼兄邀请来。一见如故，相谈甚洽。2月8日是星期天，但他还是决定亲自驾车，带我们考察吉兰泰盐场及古老驼道。

晚上喝了一瓶张继炼兄从鄂尔多斯带来的糜子黄酒。

临睡前,心潮仍难平,又作了一首诗:

骆驼客,远去的背影

2015年2月7日下午,

阿拉善左旗,巴彦浩特

三位老骆驼客

黄庭正　潘存摇　富美年

用民勤话讲述沙海飘荡的故事

偶尔也穿插一些蒙古话和开怀大笑

大多时候,他们眼睛潮湿

喃喃说苦啊拉骆驼苦啊

一段故事就是一挂风干羊肉

有滋有味

一句话或一声叹息就是锁阳、苁蓉、红柳

根系延伸很深很远

抓膘　拔　盐口袋　入社　蒙古女骆驼客

察汗池　雅布赖　乌达　吉兰泰　哈什哈苏木

这些词语如同古铜铃铛在大漠中摇荡

空旷苍凉

诗人王秋才悄悄来,静静听,默默想

他在构思"拉驼人的记忆"

作家张继炼把土语翻译成普通话

忙忙碌碌,聚谈半个下午

然后拖着自己的背影回家,回家

半个仓促的下午

无数背影,从古至今

叠加成这些半生行走大漠的老人
这些背影,也将成记忆
像烽火台上的经幡
在历史的这头飘扬

八 2月8日,吉兰泰盐湖,罕乌拉山,烽火台

阿拉善左旗西南、西北和东北分别绵亘腾格里、巴丹吉林、乌兰布和三大沙漠,统称阿拉善沙漠,境内还有亚玛雷克、本巴台沙漠,总面积居国内第二、世界第四。

清晨9:02出发,驶离城区不久,汽车在延展于戈壁荒原间的巴吉公路上驰骋,宛如渺茫大海中孤舟漂荡,甚觉卑微。

阿拉善盟骆驼研究所所长张文彬兄经常跑牧区,懂蒙语较多,可以解答不少地名问题。这位北方汉子还是一位文学爱好者,写诗歌、散文。他理智而不失热情,将科学知识与浪漫思维协调得很好,一边沉着驾车,一边介绍远山和近滩名字、地理特征、承载植物等等,都是我很想知道的内容。

查哈尔滩分布着沙冬青、白刺、沙葱、沙枣树、变异黄芪、沙蒿等植物。柠条,也叫毛条,蛋白含量高,骆驼吃后抓膘快。变异黄芪较为特殊,又称为"疯草"或"醉麻草",羊吃后长膘块,但长期食用就会中毒、上瘾,被醉倒、甚至醉晕。想象山羊、绵羊迷醉后摇摇晃晃的憨笨状态,不禁哑然失笑。

途经几片有大小驼群游牧的荒草滩,我们停车美美拍了一阵。阿拉善双峰驼一年四季习性不同,牧民一般在每年5—11月放驼,11月牧民开始骑着摩托车找骆驼收群。骆驼习惯了摩托车,看到牧民骑着骆驼来,竟然被吓跑。每峰母驼每两年

产一次羔。阿拉善双峰驼基本为纯色，骆驼毛色与其父母毛色并无明显联系。有时两峰棕驼会生出一峰白驼，而两峰白驼也会生出一峰棕驼。这种现象目前尚无科学解释。骆驼很少生病，5岁时成年，寿命为23年。阿拉善骆驼中，跑得最快的当属罕乌拉骆驼，每次赛驼大会都获得第一、第二名。

张文彬兄提醒不让靠近，因为大多数骆驼未经调教，会踢人。

罕乌拉山在遥远的西北边，随着荒原起伏，不断冲荡我们的视野。"乌拉"蒙古语意为"山"，"罕"与"汗"只是翻译方法不同，都有神圣、天之意。

前行一阵，东北边浮现红色地平线。那是乌兰布和沙漠。乌兰布和系蒙古语，乌兰，红色；布和，公牛，合起来就是"红色公牛"，形象地概括了沙漠性格特征。古时黄河（河水）曾从狼山脚下流过，并在河套西部形成屠申泽，而这里水草丰美，沃野千里。秦汉时狼山还林木葱翠。北魏时河套西南开始出现沙漠，到宋太宗时已"沙深三尺，马不能行"，后来演变成乌兰布和沙漠。沧海桑田，令人嘘唏。

尽管"红色公牛"侵占绿野，但沙漠中至今仍有200多处大小湖泊，生长着甘草、花棒、麻黄、锁阳、沙棘、梭梭等多种植物。

从吉兰泰到磴口的古老驼道经过这片沙漠。张文彬兄说梭梭林面积较大，林荫蔽日，骆驼穿行其中，从远处很难发现。由于地处沙漠腹地，人迹罕至，古道遗址随处可见。

我们考虑到车况，不敢贸然翻越大沙丘，便直接驰往吉兰泰盐湖。这个古老盐湖坐落在巴彦浩特镇北102公里处，乌兰布和沙漠边缘贺兰山与巴彦乌拉山之间的冲洪积扇上，出产食盐俗称"吉盐"，以颗粒大、杂质少、味道浓闻名于世。"吉兰泰"系蒙古语,意为六十。盐湖盐层覆盖面积60平方公里,又说周围六十条河流汇入。吉兰泰盐池开发历史悠久,早在公元前200年的先秦时期已采盐食用。我推测,西汉政府与匈奴纠缠不休,其中很重要一个原因就是为了争夺盐。唐代时名为温池。以后又名为达布苏、吉兰泰淖尔、陶力淖尔等。乾隆元年(1736年)盐场开始大规模开采,五十六年准许积盐内运,通过盐道到磴口,过河继续驮运,经鄂尔多斯往山西、陕西,或水运经过包头进入山西、陕西。盐湖原系阿拉善和硕特旗王爷产业,1950年收归国有,1953年成立国营吉兰泰盐场,1958年成立积盐湖发展指挥部,大规模生产。1968年盐湖通了铁路、公路,开采量大增。上世纪80年代,盐场建成第一个机械化湖盐生产基地和全国最大湖盐生产基地。目前,盐场原盐产量达100万吨,占全国工业用盐的二十分之一;精盐产量达20万吨,占全国食用盐产量的十分之一。

吉兰泰盐湖是戈壁草原、沙丘环抱、呈北东—南西走向的椭圆形盆地。吉兰泰镇就镶嵌在盐湖中,道路和建筑物都比较古旧,处处透露出古老悠远的历史气息。我们在吉兰泰盐化集团与当地小说作家黄聪会合,由他做向导,参观盐湖及开采、精选、制盐等生产流程。镇子不大,汽车很快就到盐湖边。因为运盐车长期碾轧形成的路上,坑坑洼洼,前面有汽车经过即扬起白色碱土,弥漫一片,看不清方向,只好停下。拐到立有"盐根"石碑处的盐湖码头处,风虽然瘦硬如铁,但空气清明。黄聪父辈也是民勤人,他用标准普通话煞有介事地介绍有关盐湖的种种。盐根混在堆垛盐料中,晶莹剔透,冰清玉洁。盐根俗称青盐、玻璃盐、水晶盐,产于盐湖深部,矿床地方最厚处大约10米,最薄处也有1米,块大、结晶体透明,是制造光学仪器的原料,还可制成工艺品,也是中医、蒙医、藏医的重要药材。盐根不可再生，因此珍贵。吉兰泰有全国最大的胡萝卜素生产厂，其原料是从盐湖卤水中生产出的"卤虫"，这是一种红色微生物，肉眼看不见。"盐根""卤虫"让大家长了见识。

然后到采盐区参观。盐湖湛蓝，与天同色。冬天，没有生产，采盐船和盐湖都静悄悄地休眠，只有携带咸味的大风肆无忌惮地猛吹。采盐船采用直链吊斗式，形同采砂船。据说操作采盐船清一色的全部是女性，每艘船2人，24小时轮班，节假日不休息，只有冬天最寒冷时放假。而以前全部是男子涉入湖水作业，因长年累月浸泡、腐蚀，身体严重损伤。毫无疑问，古代，这种苦力最早都由战俘、罪囚犯等人来承担。

关于盐湖，有两则传说故事。有一对蒙古族恋人在湖边放牧，小伙子取水时不慎失足丧命，姑娘在湖边哭七天七夜，晶莹泪花凝结而成盐粒，于是湖水变成盐湖。另据说，一位名"吉兰泰"的老人放牧到巴彦乌拉山麓，发现茫茫湖泊，后人便以老人名字命名。

我们还参观了加工区和盐场。整体印象是涩白、寒冷、清澈、碧蓝、壮观。而那些废弃的冷铁设备、采盐船，在刺骨寒风中呈现着另类剽悍。

碱土飞扬，寒风冷峻

古老的吉兰泰盐湖在休息

而这艘采盐船已退休

春回大地

当年轻的女司机们驾船出工

它只能回忆每一个盐碱水浸泡的日子

汉唐以来，或者更早更还时候

战俘，罪囚，苦工

在大号蚊子与监工皮鞭、刀剑下

泡破双腿，泡完一生

而洁白如雪的盐

随驮队走向哈密、三盛公、磴口

有的过了黄河，有的顺流而下

带着沙蒿、蒙古扁桃和鸿雁、地雀的嘱托

当然，也有长城、烽燧的平安信息

融进四面八方的肌体

面对这艘最近的废船

我忽然忆起漫长岁月中抛光打磨的盐工

他们如何从远方来

又如何永远离开这片盐泽地

是谁不断鞭打他们的肌体

又是谁让他们燃起爱情之火

天蓝地静风清

我读不到古代盐工的伤悲

只愿这废弃的采盐船

能在博物馆里安然养老

　　到高巍如山的盐堆附近，停着很多排队等待装运盐袋的货车。我与两位内蒙古司机做了简短交谈，得知他们往青铜峡运送，每天一趟。

　　吉兰泰盐湖通铁路、公路之前的漫长岁月中，全靠骆驼驮运盐。每次出发前，骆驼客们便会将骆驼"吊"上三四天，就是让骆驼少吃，以便适应长途跋涉中不能正常进食的情况。2014年，有关单位组织"重走茶叶之路"活动，骆驼蹄子被磨破，淹留某地，电话求助。张文彬兄也没遇到过这种情况，请

图 1.10　吉兰泰盐场

教驼户。驼户支招:将骆驼牵到湿润的碱滩里,站一天就好了。果然奏效。这些经验都是千百年来骆驼客在实践中总结出来的,凭空想象不出。

离开吉兰泰继续北上的路途中,张文彬兄还说了另外一种近似残酷的骆驼生活。公驼本来性情并不温顺,尤其是发情期,暴躁易怒,难以驾驭。因此,要在它们刚刚成年就"去势"(阉割),从此终生乖顺,在行走中消耗完生命。就是说,作为动物的正常生理需求,大多数公驼都无法享受。

在黄沙漫漫的古道上谈论这个话题,确实有些沉重。前面恍恍惚惚,有波浪在天边涌动,似乎出现海市蜃楼。

为节省时间,我们原计划路过敖伦布拉格镇时用午餐。这座沙漠小镇以前是苏木,1999年8月与巴音毛道农场合并为镇。"敖伦布拉格"蒙古语意为"泉多的地方",因镇内有108眼泉水而得名。镇上静悄悄的。几家饭馆都空无一人。往东到一个由泉水外溢聚成的涝坝,旁边有驿站。但饭馆门也锁着,门面贴着一张纸条:"有事打电话,王军德"。张继炼兄说今天可能要饿肚子了。他自言自语为准备不足内疚。其实,外出考察没有几次用餐能够正点,与骆驼一样,也经常"吊"着。

张继炼兄与王军德联系上了。在他赶回来做饭这空当,我们驱车考察位于敖伦布拉格镇境内的西部梦幻峡谷。

从敖伦布拉格镇往东,是阿拉善北部大道——哈鲁奈山南古道。张文彬兄说在哈鲁奈山之北还有一条大道并行。哈鲁奈山南古道也与通往额济纳旗的铁路、公路线并行,距磴口、黄河三盛公水利枢纽仅60多公里。

很快,汽车到达深藏于阴山山脉余支哈鲁奈山中的大峡谷。阴山蒙古语名"达兰喀喇",意为"70个黑山头",山脉呈东西走向横亘在内蒙古自治区中部,西起狼山、色尔腾山、乌拉山,中为大青山、灰腾梁山,南为凉城山、桦山,东为大马群山。山与山之间横断层经流水侵蚀形成宽谷,为南北交通要道。哈鲁奈山是阴山余脉,其西部尾端从敖伦布拉格镇北部斜贯而入,往西逶迤而去。因呈红、黄、灰、白等多种颜色,当地牧民称为"七彩神山"。蕴藏其中的西部梦幻峡谷由紫红色砾粗沙岩构成,全长5公里,部分地段还有坚硬的花岗岩。经万年风雨剥蚀,洪水冲刷,形成外表红色、兼具雅丹和丹霞地貌,气势恢宏,沧桑瑰丽,魏巍壮观。风在峡谷穿行,虽无声,但无比清冷。峡谷空旷,嵯峨险峻,置身其间,声响似乎被岩石吸附,万籁俱寂,尽显时空悠悠之浩渺。一步一景,人根峰、七彩神山、神水洞、玉女洞、悬空石等自然景观无不令人称奇,仿佛进入梦幻世界。有处百米高山壁上,一块巨石凹凸部分酷似骆驼昂首奋蹄前进。据说,这峰"石骆驼"随气候变化:冬季体壮,毛色丰满;夏季体瘦,绒毛褪尽。因为冬夏山体水分增减,颜色随之变异所致。

峡谷高处有烽火台遗址,谷底河水被冻结成一道道冰溜子。据此推断,该峡谷可能是穿越阴山的南北通道。参观结束,返回时,意外发现北边荒滩里也有座烽火台,应该与峡谷山顶的烽火台互为呼应。我说看看去。张文彬兄毫不犹豫,车头一拐就进入沙滩疾行,工夫不大即到建筑在略高沙丘上的烽火台旁边。风飕飕,荒滩默默。砂土夯筑的木然呆立,仿佛火气被时光消磨殆尽。为记录方便,我们拟名"罕乌拉烽火台"。

一站就是两千年

见惯人来人往

饱受朔风酷暑

伤痕累累，雄姿不再
魂魄不倒

到涝坝边的罕乌拉苏木，王军德正在慢腾腾生火做饭。我们打问附近还有没有烽火台。他说有啊，就在饲料场那边，大约15公里。王军德说话、行动比较迟缓，估计做好饭也得一个小时以后，我们决定"叼空"探访他说的烽火台。找到路，张文彬兄驾轻就熟，风驰电掣，在荒滩中卷起长长的土龙。大约五公里，果然，道旁山上屹立着一座烽火台。该山拉着铁丝网，属于退牧还草范围。我们爬上山，小心翼翼翻过去。附近牧民将烽火台遗址改为鄂博。我们排队围绕墩台遗址走三圈，表达完敬意才仔细观察。这座烽火台由土坯和石块砌成，颓败不堪。山脚西南是两道河沟汇合处，当年应为烽火台取水地，也为制作土坯提供了条件。有些土坯似乎直接取自于软泥，稍加规范，就晒干使用。因陋就简。

我们将这座烽火台标记为"敖包烽火台"，位置在北纬40度17分49秒，东经105度46分36秒。

从沙滩走下时，张继炼兄捡到一条枯死、泛着白光的遒劲鸡枣拐树枝，授给我当"旗帜"。我愉快接受，并庄严举起，拍照。在我眼里，没有一片土地是荒凉的。荒原并不荒凉，相反，以另外的方式表达博爱。例如，荒漠中每隔一段距离就有湿地、甘泉，成为骆驼客的天然驿站。尤其是在高天下、大地上生活着的朴素人们，性情之善，美如宝石，气度之大，浩如荒原。向这一切致敬！！！

大家兴高采烈返回罕乌拉苏木，王军德却冷静证实敖包烽火台并非他说的那座。

那么，还有一座？吃完饭继续去找！

一群羊从荒原中走来，匆匆忙忙到涝坝里喝水。我们去拍照。三只色彩艳丽的赤雁被惊飞。黄聪说赤雁中肯定有一只丧偶，到另外家庭"蹭"温暖。赤雁家庭能够接收陌生孤雁，令人肃然起敬。孤雁很难单独生存下去。

午餐是羊肉拌米饭。这里算是纯牧区，没有菜。大家吃得很香。祖籍民勤的王军德坐在一旁打量我们，百思不得其解，仿佛这群人来自遥远的汉代或更早时候。

沿罕乌拉苏木向南走大约里砂路，就能看到沙漠梭梭林中的古代驼道。那是从吉兰泰到磴口的捷径。匆匆用完午餐，已经下午四点多，张文彬兄打算带我们去探看。张继炼兄考虑到那里是空旷死寂的沙漠中心地带，沙丘高大而又松软，两驱车肯定翻不过去。他建议找完烽火台就返回巴彦浩特。大家听从他的意见。

既然到不了梭梭林和沙漠驼道，就听张文彬兄讲述了。乌兰布和沙漠中的梭梭耐干旱寒冷和高温盐碱，通常一米多高，有的超过两米，树叶很细，根部粗壮，根系极为发达，根部寄生着被誉为"沙漠人参"的肉苁蓉。骆驼喜食梭梭嫩茎，这是古老驼道能够延伸过去的重要原因吧。他还介绍了油蒿、籽蒿、冷蒿、蓬蒿、铁杆蒿、沙蒿、椒蒿、一枝蒿、茼蒿等蒿属植物和白刺、苦豆子、红柳等沙生植物。

正说话间，经过"敖包烽火台"，顺着沙沟继续往西，遥闻狗吠。牧场？苏木？都不像。是只有几户人家的饲料地。因为太阳急匆匆地沉落，来不及采访。

不经意间，我们进入罕乌拉山北部荒原。远远地，就可以看见地平线上凸起的烽火台，越近越清晰、高大。汽车径直开到跟前。烽火台默然肃立，罕乌拉山如同睡佛，恬然平躺阻断荒滩向南延伸，太阳余晖在伟岸山体上闪闪发光。北部荒原

图1.11 荒漠中的烽火台

蔓延很远,尽头处有山影逶迤。东部隐约遥见饲料地,西部空旷天际处是额日图山。烽火台四周,生长着霸王、沙冬青、密胺瓷、红砂、蓬蒿等植物。

　　记录完周边环境,才仔细打量这座孤立荒漠中的烽火台。我们将此峰暂定名为"狼山烽"。张文彬确定其位置为北纬40度18分49秒,东经105度45分13秒。由砂土夯筑的墩台伤痕累累,衰败不堪。平常除了风吹日晒,就是鸟雀光顾。残体西南地面上,有凹坑遗址,类似于"地窝子",可能是当年戍守烽火台的士兵驻地。

罕乌拉山

大西北的山

都耐热耐旱耐寂寞

陪伴风,陪伴远古先民,陪伴牧人

也曾陪伴马队、驼队、烽火台
不求菩萨保佑，不求飞黄腾达
只是以最初的姿态和心情
向着岁月深处眺望
唐太宗李世民的《饮马长城窟行》
塞外悲风切，交河冰已结。
瀚海百重波，阴山千里雪。
迥戍危烽火，层峦引高节。
悠悠卷旆旌，饮马出长城。
寒沙连骑迹，朔吹断边声。
胡尘清玉塞，羌笛韵金钲。
绝漠干戈戢，车徒振原隰。
都尉反龙堆，将军旋马邑。
扬麾氛雾静，纪石功名立。
荒裔一戎衣，灵台凯歌入。

下午连续发现四座烽火台，它们大致呈东西线。阴山山脉
是历代北方少数民族争夺、占据并作为进攻中原的基地。山
脉南坡陡峭，许多隘口成为进入中原的重要通道。这一线烽
火台是否作为草原丝绸之路上指引行旅的路标？

夕阳西下，凉气逼人。古原的荒凉越来越浓，越来越深邃。
大家体会一阵这难得的宁静和旷世孤独，怀揣诸多未解之谜，
拖着疲倦身躯长途跋涉，与落日赛跑，与牧归的骆驼赛跑，返
回巴彦浩特镇时已经夜幕四合，繁星点点。晚餐吃一种叫"沙
米调和"的面食。民勤叫"沙米面条子""沙米转刀面"，最有
特色的是长在沙漠边缘的沙米，采集困难，味道清香，可以制
作"沙米粉"，兰州大多酒店都有。

餐后,与张文彬兄道别:"相聚是快乐的,分别是痛苦的,期盼再次见面!"

九 2月9日,曼德拉岩画

环腾格里沙漠考察至此,已经跑了大半圈。除密切接触传统、现代路线及长城、要隘、烽火台、关口等文化遗址,所经区域还有另外一种文化遗存——那就是散布在腾格里沙漠南缘、东缘及北缘的阴山、贺兰山、黄河沿岸三大岩画群,它们堪称中国西北古代艺术画廊,对研究古代游牧民族社会发展史、民族史、畜牧史、美术史、交通史等等都具有极高价值。正如考古发掘和研究证实,欧亚大陆的北部存在着一条古老的交流通道,承载物质与文化交流使命的主体是生活在这片广袤区域上的游牧民族。中国北方草原自古以来就是游牧民族活动的历史舞台。文献记载,春秋战国时期北方草原相继居住过东胡、羌、月氏、匈奴、乌桓、鲜卑、回纥、突厥、党项、契丹、女真、蒙古等民族,他们在悬崖峭壁和荒草之间创作的岩画生动地记录着远古以及近代经济、文化、生活的情景和自然环境、社会风貌。

有位漂亮的年轻作者白雪莹,爷爷是蒙古族人,解放战争中,随部队南下,渡两大河流,定居广州。这个纽带,不但把草原丝绸之路、陆上丝绸之路、海洋丝绸之路串联,也将南北两个系统的中国岩画对接起来。我发到微信中,文艺评论家白晓霞博士留言说:青海互助土族白姓可能就是元代蒙古族军人后裔。大千世界,每个个体都是沧海一粟,但浓缩的文化信息却延伸到很远。

因为考察主题和时间关系，此次只计划考察曼德拉岩画，但有必要将其他区域相关岩画自南向北作一简单梳理：

腾格里沙漠南缘、白银市境内有靖远吴家川岩画，平川区境内有白杨林黄河岩画和野麻黄沙岩画，景泰县正路乡有彭家峡岩画。吴家川岩画分布区是游牧民族向南在黄土高原深处留下的重要踪迹。

宁夏境内贺兰山岩画群，包括位于青铜峡西南20多公里贺兰山南端广武口子沟砂石梁子山的广武岩画，位于卫宁北山的照壁山（又名大麦地）岩画，苏峪口岩画等。意大利岩画专家圣索尼说："贺兰山有许多非常漂亮的岩刻，而且有些和我们国家的很相似，比如说鹿和母子鹿。"国际岩画委员会执委、中央民族大学教授陈兆复这样评价："贺兰山岩画最突出的内容是人面像。这种人面像岩画虽然在中国北方南方都有，可是没有像贺兰山那么集中，这一特点在世界岩画界也是很突出的。"

阴山山脉横亘在内蒙古自治区的中南部，东西绵延千里，南北草原广阔，北狄、匈奴、鲜卑、突厥、回鹘（纥）、敕勒、党项、蒙古等北方许多游牧民族相继在此生活，创造出灿烂的古代文化。公元5世纪，北魏地理学家郦道元在内蒙古乌拉特前旗、乌拉特后旗、乌拉特中旗、磴口县境内阴山发现岩画，并在《水经注》中作了详细记述。20世纪30年代末，中瑞西北科学考察团也发现几幅岩画。后来国家普查发现阴山岩画分布在153个区点上，共有53 000余幅。阿拉善右旗岩画比较丰富，现已登记岩画点达53处共2万多组数十万个个体，以曼德拉岩画最具代表性。此次经过曼德拉山，因此将对这里岩画的考察列入计划。

2月9日要从西向东穿越腾格里沙漠与巴丹吉林、亚玛雷克沙漠之间的荒漠地带,晚上赶到武威。其中有些无人区,任务艰巨。张文彬兄给军政写一份从巴彦浩特到民勤的详细路线图。早晨9:02出发。先向北驰骋。天气有轻微沙尘,接近地面的空间显得混沌迷蒙,越往上越清晰,感觉四周形成圆环状巨大圈套,让人不由得想起鲜卑族民歌《敕勒川》:"敕勒川,阴山下,天似穹庐,笼盖四野。天苍苍,野茫茫,风吹草低见牛羊。"其中关于"天似穹庐,笼盖四野"的情景描述与眼前所见非常切合。

远处两道山,远看像是平贴在地平线上,近观,才显雄伟壮阔。过查哈尔滩,向左拐入S218省道,到查哈尔滩收费站,向西拐上内蒙古S218省道向西北方向行进。

两侧荒滩有白刺,再远处为红色沙丘。走不远,到达异常冷清的苏海图收费站。"苏海"蒙古语意为"红柳",苏海图就是有红柳的地方。我们下车,向两边眺望,看不到一棵红柳,满眼都是缀饰着星星点点枯黄草垛的青石滩,寂寥得让人产生幻觉,便由着寒风任性地吹。汽车在苏海图荒滩里疾驰。公路两侧有两道不知名的一带远山,如道牙子一般平铺,冷静如同执行戍守任务的古代将士。从苏海图收费站前行约35公里均为平缓的公路,公路两侧的乱沙滩如鱼群般跃起。有时,公路右侧荒滩上散布着疙疙瘩瘩的羊群,像童话里虚构出来。随着汽车快速移动,没过多久,羊群又如白色棋子般散落在戈壁滩上。再走一阵,羊群消失,两山逼近,公路两侧,荒原、沙山、青石山构成三层不同境界,沙丘如长城,伸向远方。

中午11:08,到达阿左旗西北部的巴彦诺尔公苏木。巴彦诺尔公蒙古语意为"富饶的山梁",北邻乌力吉苏木、西与阿右旗、甘肃省接壤,是阿拉善盟"三旗一县"跨省交通要道的金三角地区，主要植物有红砂、珍珠、绵刺、蒙古扁桃等。其北部有亚玛雷克沙漠。

经过巴彦诺尔公，汽车拐上S317省道（巴彦诺尔公至山丹）向西北方向行驶。荒滩上布满沙生植物，形成辽阔的天然牧场。有片沙漠荒原，长着黑柴之类植物，远处有骆驼游荡。更远处是一列孤独的山巍然独立，仿佛在修行。

阿拉腾敖包镇是阿右旗的一个镇子。我们购买的内蒙古地图册上，将雅布赖山西北的阿拉腾图雅错标为"阿拉腾敖包"，让我们搞不清方向。当时军政就发现了问题，我还不承认，说中国地图出版社出版的地图册怎么可能有差错。

阿拉腾敖包蒙古语意为"金敖包"，以牧养骆驼、白绒山羊、蒙古绵羊为主，有巴（彦浩特）额（肯呼都格）、额（肯呼都格）塔（木素）公路过境。

图 1.12　阿拉善的骆驼

图1.13　荒漠

　　大家在这里看到了阿拉善右旗的第一个喜鹊窝。

　　离开镇子不远,看到有名为"塔木素"的路牌,指示右拐86公里。这是张继炼、张文彬两位朋友都提到的地方。塔木素全称应为"塔木素格布拉格",蒙古语意为"丰硕的泉"。塔木素东连阿左旗,南接阿拉腾敖包、曼德拉、雅布赖、阿拉腾朝克四个苏木(镇),西邻额济纳旗,北接蒙古国。

　　前面出现波涛般翻滚的红色沙漠,两边幅员很广。经过一处名为夏日嘎庙、巴深高勒盐湖的指示牌。在S317省道73公里处,向南20公里处。夏日嘎庙又名沙日格庙,建于清乾隆三十三年(1768年)。

　　再走一段路,上高坡,境界陡然开阔,无边无际。实际上我们已经被柏油路带进巴丹吉林沙漠。向南望,遥远的天边隐约有覆盖白雪的山体透迤,那就是腾格里沙漠的边缘。沙涛更大，风更紧，将残雪吹聚到枸杞、黑柴等沙生植物根部，为刚硬无情的沙漠增添些许温柔。我们站在两大沙漠之间的空旷野地，阳光清澈，冷风犀利，试图将这难得美景与壮阔感受刻骨铭心。从苏海图、巴彦诺尔公、阿拉腾一路走来，两侧远山时近时远，约束荒原，而到这里似乎放任纵容，让荒沙尽情飞舞，尽情舒展，尽情疯狂。若以南北远山为道牙，以整个荒原带为路面，该是阿拉善荒原上最壮阔的大道了！

接下来是镶嵌在沙漠中间的连续长坡，前方遥远的雅布赖山清晰可见。我们心情像野马般驰骋。路边沙丘间，几峰白色和棕色骆驼成为孟根布拉格苏木的天然移动酒旗。孟根蒙古语意为"银子"。这是只有一条街道的驿站式小镇。小镇寂静得出奇，尽管天气很好，也几乎看不到行人。路边的房屋后面堆积着八九层破损轮胎，形成一层掩体式黑墙。勒勒车，木轮，骆驼，卡车，轮胎，交通工具的更替遥远而漫长，但在沙漠小镇似乎只是弹指一瞬间。

已经下午13:05，我们决定在孟根午餐。蓝底黄字、蒙汉双语"和平餐厅"牌子下，留有手机号码。这些细节反映出沙漠公路驿站客店的现实情况和经营特色。不过，这次女主人坚守岗位，她打电话叫来丈夫郭世栋，一起做饭。他们的小孩子与狗娃玩耍，很投入。

军政在沙发上睡着了。我们请来郭世栋，采访他。郭世栋33岁，是民勤人。他67岁的父亲郭祥年讲过爷爷拉骆驼逃荒的往事。以前生活困难时，骆驼客带着孩子逃荒，从民勤出发向东穿越腾格里沙漠，去左旗、中卫，大致路线经前井、中井、头道湖、二道湖、再到中卫，总计要半个月。

郭世栋复员后曾在酒泉工作8年，他的姐夫曾在这里放牧、做生意，因为这个亲戚关系他和妻子一同跟着出来。在孟根开饭馆，开小超市，为过路司机卖轮胎。除了经营这些，他还打工，比如路上翻车的，就帮助人家装车、卸车，一年也可挣六、七千元；再就是给蒙古族人打工，比如帮他们给羊饮水等，每次有10元收入。去年，全部经营收入有12万左右。

小孩在民勤上学。孩子只能如候鸟一样来去。父母亲在那边照顾小孩。想孩子的时候，就打个电话。快过春节了，他再坚守几天就回家过年。

孟根是镇政府所在地，镇上有200多人，多为蒙古族，因为退牧还草，政府对他们补助，蒙古族有些人家还养羊，日子过得也不错。说到生意，他形容自己和司机的关系，如同鱼和水的关系。听说这条路要改道，他们必须跟着路走。原来修建的这些房子，只能当垃圾扔掉。孟根镇周围山脉属于雅布赖大山余脉。传说有一只羚羊跑上雅布赖大山被摔死，为了避免此类事件发生，老百姓请了一个道人，把雅布赖山主峰拔长35公里，才形成现在的雅布赖山脉。雅布赖蒙语意为"走"，郭世栋以及很多同类生活模式的现代驿站服务群体，与古代因道路改变而不得不迁移或转行的人们一样，都生活在特定的文化链条中。雅布赖——"走"生动传神地概括了骆驼客、司机、小饭馆经营者等群体的生存状态。

我们交流时，进来三位过客。他们是阿拉善右旗人。其中一位男子因正对着我，"直视不讳"，好像查看敌情的古代士兵。我冲他笑一笑。他也友好地点点头，仍然"直视不讳"打量我们。用完餐，我让杨文远联系他们，合影留念。一位蒙古男子直言不讳，拒绝。杨文远讲了一个故事：两只蚂蚁在沙漠里相遇，互瞪一眼离开。其中一只蚂蚁边走边想：在茫茫沙漠里偶遇，就这样离开实在不甘心。于是，它返回追上另一只蚂蚁，微笑问好。他们成了朋友。蒙古人爽快答应：

走,照相去! 合影后,一位蒙古人邀请我们同行,到右旗去吃羊肉。

我真想爽快答应,但考察任务还没完成啊。

曼德拉岩画在召唤呢!

阳光通透明媚,照耀古滩,亮得煊赫刺目。孟根距离曼德拉山大约14公里。尽管身体颇感疲惫,但心情的激动程度丝毫不减。

即将到达曼德拉山,大片石头山突然出现在眼前。这时,杨文远也猛然发觉用过午餐忘了买单。军政将我们送到曼德拉岩画保护站,让我们参观,他返回孟根买单、致歉。

常年驻守阿拉善右旗曼德拉山岩画保护管理站的是魏政鸿与老伴。履行完购票、登记手续即往山里走去。沿途流沙中有两处院落遗址,退牧还林政策实行后,牧户已经迁往别处。魏政鸿说原主人每年都要来住几天。念旧啊。

经过一道沙沟,就到曼德拉山脚,裸露叠加的多层岩石前,立着全国重点文物保护单位石碑。面对古代艺术圣殿的门,我们肃然起敬。

曼德拉山岩画位于巴丹吉林沙漠东缘、曼德拉苏木西南14公里的曼德拉山中,东西长6公里,南北宽3公里,原来分布着6 000多幅岩画,因盗掘、破坏,现存4 234幅。"曼德拉"系蒙古语,意为升起、兴旺、腾飞之意,形象传神地描摹出这块在荒原中异军突起之奇崛雄山的高峻与嵯峨。这座山主体由坚硬的玄武岩构成,黑峰嶙峋,岩石遍布,似乎还保持着当年轰轰烈烈凸起时的剑拔弩张姿态,浩荡岁月和严厉风霜没有挫伤丝毫锐气,相反,更显古雅、矍铄、凌厉,看不到羌、月氏、匈奴、鲜卑、回纥、党项、蒙古等北方少数民族游牧、狩猎、战斗时遗留下来的任何踪迹。

图 1.14　考察曼德拉岩画

魏政鸿身材瘦小，但精力却异常充沛，这位64岁的守护者像一只矫捷健壮的老盘羊，在岩石间小道上蹦蹦跳跳，转瞬间就不见踪影。我一边紧紧追随，一边回头向荒原远处张望。从戈壁滩里仰望曼德拉山，平淡无奇；但从不断抬升的曼德拉山回望四周，则高峻之貌分明可感，更别说强劲寒冷的漠风与冷面素颜的冰雪提示。

　　曼德拉最前沿一座平缓小山上分布着几处岩画，内容以狩猎为主。魏政鸿老人说，游客大多到此就返回。我们继续前行。经过一道山梁，山势陡然抬升，新修的石阶栅栏小道通往山顶。回头望去，远近石山如涛如聚，排闼伸张，波澜壮阔，令人心旷神怡。这段陡坡左边紧挨山石，右边是一道深沟，没有岩画。气喘吁吁，挥汗如雨，到山巅凉亭休整片刻，下坡进入一条深沟，谷底是细软的沙子，两边是大自然鬼斧神工造就的罕见奇景，裸露巨石历尽亿万年风雨侵蚀，呈现出一派沧桑壮美和千姿百态的隽秀。分布各处的石头经历岁月雕凿，怪石嶙峋，姿态万千，高大新奇，巧夺天工，似天工雕琢，又似流水打造，线条圆润，鬼斧神工，惟妙惟肖，仿佛进入魔化世界，神仙府邸，令人目不暇接，浮想联翩，看啥像啥，想啥像啥，像雄狮、龙蛇、鸟类、熊罴、怪兽、蛤蟆、笑脸、神魔等等，不一而足。它们互相映衬，从不同角度大肆渲染此地的荒凉。荒凉。荒凉。除了荒凉还是荒凉。风小了，异常安静。手机信号也接收不到。我呼喊几声，试探军政是否赶来了，看他能否听到。声响从山谷跌宕而出，似乎到山口就被大风吹散，没有回响。穿过这道山谷，前面石山脊上赫然蜿蜒起伏的悬臂长城。我想这里既非边关，又非要地，不可能砌垒如此宏伟的长城，仔细分辨，发觉是尖利黑石形成的天然城墙，气势汹汹，如同巨龙盘踞到山巅、山腰、山脊。迎面巨大山坡上，大小石头呈各种姿态，或斜刺,或横卧,或笔立,桀骜不驯。

这时军政来了电话,他刚刚攀登到山巅处,我指引他顺山谷过来。

从这道山坡开始我们才真正领略到曼德拉山壁画的魅力。被掀起一道又一道欣喜的波澜,不论是简练的单幅岩画还是内容丰富的组合图,每次都有震撼感受。这是饕餮大餐,根本来不及细嚼慢咽地体会。

这些凿刻、磨刻和线刻岩画历史久远,题材广泛,内容丰富,技艺精湛,图案逼真,古朴粗犷,生动地表现出远古时期游牧民族狩猎、放牧、战斗、神佛、日月星辰、寺庙建筑、舞蹈、竞技以及游乐等方方面面的质朴生活风貌,既能再现当初现场情景,又能抒发作者思想感情,天真自然,亦庄亦谐,堪称我国西北古代艺术画廊。根据这些岩画内容、色泽及科学资料推测,曼德拉山四周曾经是湖水环绕、水草丰茂的游牧地,成为羌、月氏、匈奴、鲜卑、回纥、党项、蒙古等游牧民族激烈角逐的理想家园。

有幅岩画,线条简练、古朴,表现的是一个人擒住了蟒蛇。在炫耀武力?

有幅岩画只用三笔,就画出一只准备跳跃扑食的猛虎形象,而在其上方有两只巨大眼睛,似乎告诉人们,他亲眼目睹了这个捕猎场面;

有幅画面中,是一峰骆驼。它驮的不是货物,竟然是方孔钱币!有个人作舞蹈状,似乎表达商队到来时欢欣鼓舞的心情。她旁边的一只狗也高兴得撒欢。

有几幅壮观的狩猎图,十面埋伏的气氛渲染得淋漓尽致,堪称精品。大家仿佛看见古人智慧闪耀着的光芒,惊得目瞪口呆,久久回不过神来。

也有一些粗糙的半成品，似乎创作者心烦意乱，或者被迫要迁往别处，没有心思继续创作完成手头的作品。

鹿纹是表现篇幅最多的题材之一。其他许多地区史前岩画也曾出现鹿纹，仰韶文化时期的彩陶上也有鹿纹形象，商代鹿纹玉雕也有鹿纹，周代鹿与龙、凤、龟共为四灵之一，唐朝玉雕鹿纹开始强化鹿纹吉祥寓意，一直延续到明清时期。斯基泰艺术专家认为鹿纹可追溯到公元前7世纪至前3世纪，在已发现的文物及散落在蒙古草原上的鹿石都展现出西亚、中亚早期文明对鹿形象崇拜的悠久历史。藏西和藏北高原地区岩画中鹰和鹿的表现形式也说明鹿纹在高原、草原文化中都具有重要地位。令人称奇的是还有寺庙建筑、修行者岩画。显然，它们的时代要迟一些。还有骆驼、狼、野猪、狐狸、老虎等动物形象。另外比较重要的是"家庙式"岩画，性情率真、质朴自然，古人用直观的线条构图刻画出其族裔几代人，仿佛向其他部族宣告：我爷爷的爷爷的爷爷就开始在这里游牧狩猎了……

太阳西下，光线强烈，我们拍照时不得不张开衣服、围巾等遮光，以便画面清晰。

大家知道考察机会来之不易，努力观赏、拍摄每一幅岩画，不想有错漏。魏政鸿说通常人们参观大约一个半小时，他自言自语感叹，没想到我们看得如此细致、认真。

曼德拉山岩画分布区与额济纳旗和河西走廊相接，从宏观地理上来讲，正好是草原丝绸之路与绿洲丝绸之路的交会点，是游牧民族交通往来的咽喉地带，有专家认为岩画创作时间从远古延续到明清时期，跨度约6 000年。对研究我国西北各游牧部落的历史具有十分重要的价值。著名岩画研究专家盖山林称赞曼德拉山岩画是"美术世界的活化石"。

魏政鸿告诉我们,在曼德拉南边的乌素山附近有一条驼道,路线为:曼德拉山南—孟根镇—塔木素—乌力吉苏木、白马岗—红马岗—墨山子。

我们到达山顶最高处。太阳正在沉落,暮气渐凉,山体变得阴暗。大家跟着魏政鸿穿越怪石如林的山脊。经过一段山冈,魏政鸿向西北瞭望一阵,呼喊。他放养的30只山羊在远处山谷里,他同它们打招呼。羊在山里已20多天了。

我问:狼会不吃掉?

他说:狼就是吃肉的,吃就吃掉了。

我惊讶地望一眼。他语气平淡,神色坦然。这种淡定状态与如此绚丽的古代岩画艺术多么协调啊。我真挚地对他说:您是世界最富有的人。

魏政鸿淡然笑笑,不置可否。

到有凉亭的山巅处,我们小憩,体会,合影。看看时间,已经18:35。

回到保护站,魏政鸿的老伴正在准备晚饭。他们的孙女下午刚来,活泼而有礼貌。

天色忧伤,迅速变暗。我们要赶夜路了。匆匆告别曼德拉。尽管魏政鸿再三告知路线,我们看见有"沙林呼图格(蒙古语,沙林,黄色;呼图格,井)"路牌时还是错过了,朝通往雅布赖镇的方向走了大约20公里,感觉不对,我电话咨询张文彬兄,问清楚正确路线,掉头返回。那时,天已黑透。汽车在黑暗的天宇下向南行驶。夜气寒冷,满天星斗。路上少村镇,只有偶尔经过的夜行车拖曳的灯光和巨大轰响,似从亘古而来,往亘古而去。

刘樱、瞿萍睡醒一觉,在后排座上聊天,宛如在酒吧里,安逸祥和。

2010年7月,我曾经考察过民勤青土湖及石羊河流域;2014年7月,我带领玉帛之路考察团又考察过三角城等遗址。因此,这次不再停留,应徐永盛请求,直奔武威。

抵达武威时临近12点了。

环腾格里沙漠大考察

解开一些谜团

有了更多向往

草原之路　玉帛之路　岩画之路

还有羊毛之路　乐器之路　青铜之路

空阔渺远的荒原、蓝天、思想

在古代心路中徜徉

绽开　洗礼　奔放

沙漠让天地宽敞,透亮,满怀希望

也让经受寒风考验的年轻女士明白

有些幸福、辉煌与光芒

只能来自沉醉忘我勇往直前的太阳

✚ 2月10日,乌鞘岭北缘的长城

早晨,徐永盛夫妇请大家吃三套车。

用餐地还是去年玉帛之路考察时的老地方。感慨万千。

去年7月,我们费了一番周折找到皇娘娘台遗址,竟然在水泥垃圾堆积的垃圾滩中看不到保护碑。大家无限惆怅。叶舒宪师的一腔情,易华兄的一行泪,一篇文章,引起反响。据说武威市领导高度重视,计划将皇娘娘台建遗址公园。玉帛之路文化考察团的一次调查活动能有此效应,也算是为地方做了贡献。否则,若开发商在遗址上建起高楼大厦,那时候再有媒体呼吁就更麻烦,损失更大。

到皇娘娘台遗址,工地冬休,围栏门紧锁。我们从外面张望。但愿遗址公园能早日落成。

之后,拜谒鸠摩罗什塔、大云寺。对鸠摩罗什,我崇拜有加。我在长篇小说《野马,尘埃》中多有表现,这里不再赘述。

大云寺则是首次拜谒。大云寺位于凉州城东北隅,原为东晋十六国时前凉国王张氏宫殿。前凉王张天锡升平年间,舍宫置寺建塔,名为宏藏寺。690年,武则天令天下诸州各置大云经,遂改为大云寺,后又改名为天赐庵。宋、西夏时期称为护国寺。闻名遐迩的西夏碑,即《凉州重修护国寺感通塔碑》就是天民安五年(1094年)为重修寺院感通塔而立。1383年,日本僧人志满远渡重洋来朝拜大云寺,并主持募化重修。1927年4月23日武威发生8级地震时,大云寺严重损坏,唯有古钟楼岿然独存。古钟楼上悬有高226米、重约5吨的唐代大云铜钟。据乾隆二十五年(1761年)重修大云寺碑记称此钟"若铜、若铁、若石、若金,兼铸其中,真神物也。如响震之,则远闻数千里,发人深省,为郡脉之一大助也。"铜钟呈黄色,上饰3层18格图案,最上层为翩翩飞翔的飞天,头戴花冠,耳饰明月,身缠彩带,手托果盘;中层饰身穿盔甲、手持武器的天王力士;最下层饰五彩云纹龙。

因临近春节,快到上午10点,我们共同撞钟10下,祈福。

1980年,文物部门从别处搬迁来建于明代正德元年的火庙大殿和原山西会馆的清代建筑春秋阁及两廊,置放在钟楼后面空地。另外还有一些残碑。其中《建筑设计图碑》和《补大二坝漏水碑》引起我注意。前者将设计建筑物及周边空地、林地等刻画、记载得清清楚楚，以防地界纠纷；后者字迹不清，但可推测出乃是水管理凭证。环绕腾格里沙漠考察，我们感触最深刻的就是水源。沙漠里没有河流，只有水井，湿地成为人类生存与交往的支点。而古代凉州乃是腾格里西部重镇、河西走廊的东段门户，滋养它的石羊河发源于祁连山，北流到民勤，汇聚成潴野泽（后称休屠泽、百亭海、青土湖等）。

不管是绿洲还是沙漠，水源都决定着生存基地和行动路线。

参观完毕，告别徐永盛等朋友，我们开始东返。汽车沿金色大道行驶。几天前的一场大雪使南边祁连山和东边的乌鞘岭都显得静谧安逸。路边田野也在沉睡中，喜鹊窝不断出现，喜鹊戛戛飞着叫着，清脆可爱。经过东河乡、荣兴村、达家寨、河东乡、黄羊镇、李宪村、唐沟、郭家窝镇、土塔、吴家井、永丰堡等一些乡村，到八步沙收费站。过站前，我们看到路北边山包上有座疑似烽火台，过去察看，果然是。烽火台下有羊道，再往北是兰新铁路线。

过了八步沙，就是大靖马路滩乡。乌鞘岭及其山脊间的汉、明长城在雪野上飞舞。武威地处河西走廊东段，地理位置十分重要，军事设施密集。根据最新文物普查结果，甘肃省境内汉长城从兰州市永登县树屏镇上滩村开始，经天祝、古浪、凉州、民勤，从民勤县扎子沟林场处分作两条：其一，沿石羊河，经民勤县重兴乡、阿喇骨山、东湖镇向西至民勤县红砂梁乡，之后向西南进入金昌市金川区常宁镇，沿金川区北部草原边缘，进入龙首山北坡，过内蒙古自治区阿拉善右旗，再进入张掖市山丹县，经甘州、临泽，沿黑河北岸，再经高台，入金塔，沿黑河东岸向北至肩水金关遗址，过黑河后，沿黑河西岸向南至金塔县航天镇营盘村，再向西至金塔县沙枣园子，进入玉门

图 1.13　古道,长城,烽火台

市,经玉门、瓜州、敦煌,沿疏勒河流域,止于敦煌市湾窑盆地广昌燧(亦称"湾窑墩、西井子墩");其二,经扎子沟林场,向西至永昌县喇叭泉林场,经永昌县河西堡、金川峡、圣容寺、水泉子进入张掖市山丹县,过走廊蜂腰地带的峡口到山丹县双壕子结束。

同时,在金塔县肩水金关以北,有一条烽燧线沿黑河东岸进入内蒙古自治区额济纳旗。在汉长城沿线部分县区还存在支线,或与主线会交,或相对独立存在。

甘肃省境内明长城主线

起自嘉峪关关城以南讨赖河北岸，经嘉峪关市，入酒泉市肃州区，在肃州区闇门墩处分作两道：一道向南复向东入高台，在高台红山嘴一带消失；一道向东北经金塔县入高台县，经高台县、临泽县、张掖市甘州区、山丹、永昌，至永昌明沙窝墩，第二次分作两道：一道向西南入民勤，一道向东北入民勤。两道长城在民勤县扎子沟林场会合后，入武威市凉州区，在凉州区土塔村铧尖旮旯处，第三次分作两道：一道向东经凉州区、古浪、景泰，止于景泰索桥黄河边；一道向东南入古浪，经天祝、永登、兰州市西固区、皋兰、兰州市安宁区、兰州市城关区，止于城关区盐场堡。

另有一道起自永靖盐锅峡镇水电站大坝南侧山崖下，沿黄河南岸向东延伸，入兰州市西固区，经西固区、七里河区、城关区、榆中、皋兰，沿黄河东岸向北延伸，复入榆中，又入靖远，至平川区空心楼，再入靖远，经黑山峡喜鹊沟入宁夏中卫。

甘肃境内还存在"固原内边"，起自陕、甘、宁三省交界的杏树湾烽火台，经环县入宁夏同心，经同心、海原入靖远，至平川区空心楼与前道长城相接。山丹还存在一道长城支线，自甘州区入境沿县境北部山区延伸，入阿拉善右旗。永登县城附近向西南延伸一条支线，入青海省乐都，与青海明长城相接。明长城沿线部分县区还存在多条支线，或与主线会交，或相对独立存在。

古浪、大靖留存多处汉长城，明代修筑长城，多以汉长城废址为基础，或直接将残存汉长城修补、加厚，形成独特的汉明双层长城。2010年7月，时任古浪县委办公室主任的朋友王子藩曾陪同我考察，并且到了土门镇。

即将进入大靖，金色大道将长城斩断，直接穿越。因为雪野白茫茫一片，混淆棱角曲线，竟浑然不觉。大靖民权乡人赵楷平校长又专程陪同我们回头看了一次。赵楷平尕爷赵卷章是地方文化工作者，已于2014年12月去世。我们叹惋，赵卷章肯定带走了很多活态资料。

赵楷平憨厚朴实，尽心尽力招待我们。席间介绍一些大靖历史文化及自景泰到古代凉州路线：景泰—直滩乡—裴家营镇—大靖—西靖乡—土门—黄羊镇—凉州区。

大靖镇南依乌鞘岭，北临腾格里沙漠，曾是古代丝绸之路上重要商品集散地。汉武帝时期称"朴环"。1599年甘肃巡抚田乐、总兵达云等集兵万人打败阿赤兔，取安定统一之意改为大靖。史载"民户多于县城，地极膏腴，商务较县城为盛"，陕西、山西一带商人有"要想挣银子，走一趟大靖土门子"之说。现在，双营高速（古浪双塔—宁甘界营盘水）、金色大道和S308省道现横贯全境，干（塘）武（威）铁路穿过腹地，依然发挥着"扼甘肃之咽喉，控走廊之要塞"的特殊地理作用。

出大靖城，我们沿S308省道前进，路边与时断时续的长城为伴。到沙河塘，看到一座巨大烽墩，农户在北侧挖出一个窑洞，装杂物。世易时移，曾经庄严且具气势的军事设施蜕变为家常用具，富于黑色幽默意味。与此相邻的一个小建筑——烧馍馍的墩墩子还在使用，不知道是不是戍守士兵传承下来的灶台？烧馍馍能将水分降到最低，保存时间久，适合旅途携带。路上，还看到几家院外都有这种设施。

我们从腾格里沙漠南缘与乌鞘岭、昌林山之间的荒沙滩间驰过。沿途两边，"山舞银蛇，原驰蜡象，"时见古城与墩台遗址。而长城始终伴随。到景泰红水镇，S308省道214处西南约0.7公里处的山上，有墙坞护卫的墩台遗址。后来据高启安教授说那座烽火台叫"城门墩"，距此不远，有汉代老婆子泉遗址。

汽车疾驰一阵,眼前豁然开朗,呈现出茫茫荒原,辽阔舒展。北边,一带晶莹白色,那就是我们2月5日考察过的白墩子盐湖。

一路下坡,心如野马。过红墩子、梁槽,下午15:32汽车转到S201省道。至此,完成对腾格里沙漠的环形考察。傍晚18点返回兰州,全程3 600多公里。

放下,放不下

能放下喜鹊、花草和诗文

放不下贺兰山三关口长城尖冷的风

能放下堆积如山的忧伤和快乐

放不下体无完肤的长城与烽墩

能放下威风凛凛的战马

放不下枯荒无边的沙漠

能放下不断叠加的美景美人美事美梦

放不下穿越寒夜时的满天星斗

能放下烈性酒大块肉

放不下契阔真性的朋友

能放下喧哗与躁动

放不下百年孤独

⊕⊖ 尾声,关于长城的一些补充材料

2015年正月初五,正逢甘肃省博物馆与内蒙古博物馆联合举办"朔方雄鹰——草原丝绸之路文物珍宝展",我前往参观。从文物角度又对草原丝绸之路有了更多感性认识。

长城在兰州经过处正在西北师范大学校本部东边,据丁虎生副校长说,建校初期尚有烽火台遗址,其东千米左右有古城堡,出土过一通明朝万历二年立的《深沟儿墩》碑,碑文为:

丁妻王氏,丁海妻刘氏,李良妻陶氏,刘通妻董氏,马石妻石氏。

火器
钩头炮一筒,线枪一件,火药、火线全。

器械
军每名张刀一把,箭三十支,黄旗一面,梆铃各一对,软梯一架,柴堆五座,烟皂五座,擂石二十堆。

家具
锅五口,五双,碗十个,筯十双,鸡犬狼粪全。

这是目前为数不多的翔实记载看守烽火台的文献资料,其中人员、器具、材料、家具等面面俱到,非常珍贵。其中提到的信息非常生动。例如,可以知道有些烽火台是夫妇二人共同看守,这种情况与我考察过程中在敦煌河仓城、曼德拉岩画管理所中所见一致。关于"鸡犬狼粪"条,可知燃放烽火的材料不止柴薪,还有鸡粪、狗粪,收集这两种粪容易,可要找到大量狼粪就很困难。西北师范大学校本部东边有条深沟,从北山通往黄河,以前常有狼顺沟而下到河边河水,此沟又名为"狼沟"。如果碑文记载无误,也可印证狼沟狼多,收集狼粪比较容易。其他地区烽火台无此便利,应该不会以燃烧狼粪为主。

2015年4月4日,我与军政考察上次遗漏的天都山脚畔的西安州古城遗址,返程在墩墩梁烽火台停留,并在岔路口处给姥爷乔永兰烧纸。姥爷早年为生计，曾在宁夏甘肃交界处奔波，且清朝时乔氏从陕西辗转前往榆中青城之前，在中卫经商。雨夹雪，风头如碎石，猛烈如矢，点燃甚难。终于点燃后，很快燃烧完毕。于是我联想到《深沟儿墩》碑所载"鸡犬狼粪"事。通常，长城经过处、烽墩设置位置，冬春多大风，举烟举火，若用柴草，在大风中很快就燃烧完，不能很好起到报警作用。历史上是不是曾经有过因此耽误战报事，才使用狼粪？荒野中，相比狗粪、鸡粪，狼粪容易得到。后来，才扩大到鸡犬兔羊之类动物粪便。深沟儿墩接近人类居住地，鸡犬粪便易得，所以记入。种种推测，特记。

狼烟最早出现在杜牧《边上闻鸣笳三首》中，并非燃放"狼粪"报警，著名敦煌学家李正宇先生曾撰写《"狼烟"考》详细考证，很有说服力。

环腾格里沙漠大考察

解开一些谜团

有了更多向往

草原之路　玉帛之路　岩画之路

还有羊毛之路　乐器之路　青铜之路

空阔渺远的荒原、蓝天、思想

在古代心路中徜徉

绽开　洗礼　奔放

沙漠让天地宽敞，透亮，满怀希望

也让经受寒风考验的年轻女士明白

有些幸福、辉煌与光芒

只能来自沉醉忘我勇往直前的太阳

第二部分

玉帛之路与齐家文化考察

2014年7月25日，玉帛之路文化考察团经过广河县，因太仓促，未能安排踏勘大夏古城，易华兄很失落。8月19日、20日他到兰州参加由上海市社会科学联合会与甘肃丝绸之路、华夏文明协同发展创新中心联合主办的"历史与展望：中西交通与华夏文明国际学术研讨会暨丝绸之路经济带高层论坛"，会后即与临夏地方志办公室主任马志勇、广河县文化局局长唐士乾等赴广河、积石山考察。接着，在叶舒宪、易华等学者帮助下，广河县积极筹备8月1日开幕的"2015中国广河齐家文化与华夏文明国际研讨会"，并且投资兴建齐家文化博物馆。各项工作同时开展，进展神速。2015年4月26日—30日，广河县组织小型考察活动，为正在兴建的齐家文化博物馆布展把脉，同时就学术会议召开等问题进行商谈，顺便考察几处齐家文化遗址和马衔山。

图2.1　甘肃广河黄土塬

一 大夏古城

　　4月26日早晨，我同西北师范大学文学系漆子扬教授从兰州出发，途经临洮，先到县城寻访哥舒翰碑。哥舒翰父为突厥人，母为胡人，是突厥族哥舒部人，曾客居长安，后充当陇右节度使王忠嗣衙将，747年升任陇右节度使（治所在今青海乐都），多次打败吐蕃，使洮河流域安定下来。754年，哥舒翰在临洮西设神策军。安禄山作乱，唐朝任他为兵马副元帅，逼其出战，兵败被俘，后被安庆绪杀害。人们在临洮建立哥舒翰纪功碑。如今碑石严重风化，字迹剥落，碑额仅存"丙戌哥舒"

图2.2　从赵家遗址俯瞰大夏古城

四字,正中刻隶书十二行,不能成文。清代临洮籍诗人吴镇集剩字为《唐雅》六章。张维在《陇右金石录》考证:"此碑即录于金石略,又有哥舒二字,系边人为哥舒翰纪功所作。观西鄙人歌:'北斗七星高,哥舒夜带刀。至今窥牧马,不敢过临洮'之诗,盖边人之称翰深矣。唐初置临洮军于狄道,其后始移鄯州节度衙内,故此碑立于狄道。"《西鄙人歌》(又名《歌舒歌》)最早由百姓传唱,后来被诗词格律功底较深的文人改编,又不署真名,可能顾忌哥舒翰被俘时的政治背景。

阳光和煦,车来车往,纪功碑镶嵌在熙熙攘攘的人群及建筑中间,古老沧桑与繁华市容和谐相处。现代人们无法体会到当年边地百姓对哥舒翰感恩戴德之深情。

感叹一阵,我们到民间收藏家王志安建的甘肃省马家窑彩陶博物馆。马家窑文化、寺洼文化、辛店文化都首先在临洮发现。工作人员王勇带领我们参观。印象最深刻的是"卍"字符号图案和巫女形象。目前已有学者进行深入研究,解读这远古先民创造的文化密码。

中午到一家餐馆吃地达菜包子,然后过洮河大桥,顺流而下十多公里,折向西,过虎关,穿流川河谷,翻过一道不知名的山就到广河县。接着王仁湘、叶舒宪、易华三位专家也到了。休息片刻,大家去看正在建设中的齐家文化博物馆。工地上昼夜加班赶时间,一片繁忙。2014年初,唐士乾、马福荣、马宝民、马志勇等临夏、广河地方文化工作者多次田野考察,搜集到许多资料;7月,有我们组织的"玉帛之路"文化考察活动;8月又有连续几波:24日,易华、吴锐参加完兰州的学术会议后考察过大夏古城遗址;26日,中国大禹文化研究会秘书长、《中国大禹文化》主编常松木一行考察大夏古城及齐家文化遗址;28日,台湾大爱电视"华夏之源"栏目摄制组一行实地考

图2.3　太子山远景

察齐家文化、大夏文化。

　　我想拍黄昏广通河谷照片。原临夏州志办主任马志勇带我们去距离县城约四公里的大夏古城遗址。古城遗址在阿力麻土乡古城村，背靠毛鲁山（古称古龙山）、棺木山，面临广通河。城址北边，有条当地人称为"马壕"的壕沟将古城村分割为上古城、下古城，中有溪流悄然流过，通往广通河。城墙遗址与学校、田野、民居共处在棺木山下的台地上，异常恬静，似乎对近来升温的齐家文化热毫无知觉。

　　临夏境内有很多带"夏""大夏"的古县名、地名、官职名、山水名，如夏陶、夏羊、夏人、大夏河、大夏古城、大夏县、大夏郡、大夏长、大夏水、大夏山水、大夏节度衙等。据当地学者介绍，广通河古称大夏水、漓水，因明朝一位地方官员错记，与今流经临夏的大夏河颠倒，以讹传讹流传至今。不过，与夏相关的名称如此之多，应该重视。而且，汉朝修建这座城池时取名为"大夏"，不是随心所欲，只因史载不详才导致迷雾重重。

"夏古城"东起自寺沟桥，西到赵家桥，长600米；宽度从棺木山脚到广通河前十步，也是600米。有学者推测这可能是夏朝第一个都城。夏之后又建商古城，东西长1 200米，宽600米，起自巴家沟，终于赵家沟，比夏古城大一倍。大夏郡县建置从西汉延至唐代，《元和郡县志》云："大夏水径大夏县南，去县十步。"县志记载："据步测，下古城南北约500米，方形，大于上古城。"马志勇等地方学者2014年元月29日考察时曾以车测和步测两种办法测得结果大致相同。

如今的广通河距离古城远远不止"去县十步"，站在高处远眺，只能看到大概河谷地形。我们驱车穿过田园村舍，拐进红豁岘，停车，沿山腰间甩出的一条山道到棺木山赵家遗址。该遗址曾有明显白土层，近年修路，毁掉大部分。与很多史前文化遗址一样，碎陶片散布在草丛荒滩中。马志勇说棺木山曾出土过很多马家窑、半山、齐家文物。因天色渐晚，我们无力爬山，俯瞰广通河谷底及大夏城遗址。绿树如堆如绣，清真寺散布其间，对面山间塑料薄膜覆盖的梯田层层环绕，酝酿出一派恬静优美气氛。西边天际，一道青山横亘而立，其上白雪皑皑，那就是气势雄浑的太子山。太子山位于临夏与甘南之间，东西长约100公里，南北宽约10公里，主峰海拔4 400多米，山脚下有地名叫"海眼"，东侧有山峰名为"朵太子"；其他海拔超过4 000米的山峰有巴楞山（4 080米）、公太子山（4 162米）、母太子山（4 332米）等。据统计，有大小200多条河（溪）流发源于太子山保护区，溪流奔涌，地貌奇特，形成二郎庙、麻山峡、后东湾、扎子河、药水峡、松鸣岩、铁沟、大湾滩、三岔沟、

图2.4　明朝烽火台

槐树关、关滩等多处风景区，生长着铁树、柏树、白桦树、松树等树木和果牛、沙棘、莓子、栗子、毛核桃等山果，另有80多种中药材分布在半山腰和向阳地带。太子山也养育了雪豹、林麝、苏门羚、雪鸡、褐马鸡、胡兀鹫、苍鹰、蓝马鸡、锦鸡、小雪鸡、青羊、野山羊、野牛、狐狸等珍禽异兽。

　　联想到距今3 000万年的巨犀动物群、距今1 300万年前的铲齿象动物群、距今1 000万年左右的三趾马动物群和200万年前的真马动物群，我们可以对大夏川气候及生态环境有更深理解。如果有很多的证据能够证明甘青地区确实是夏朝前期，那么，太子山与大夏川是最理想的建都地：水源充沛，地貌多样，农作物因地制宜，互为补充。丰富的野果可以弥补庄稼歉收；树木提供建筑材料和燃料；野生动物可以狩猎。而奇山异峰、旮旯晃晃为防御敌人提供了天然保障。地理环境，五谷杂粮，培育六畜，也是齐家文化持久发展的重要基础。民族历史语言学家徐松石先生在其人类学著作《泰族僮族粤族考》中说五谷之"谷"与"膏"同义。他引证《山海经·海内经》记载"西南黑水之间,有都广之野……爰有膏菽、膏稻、膏黍、膏稷"认为僮人称每一谷类都为膏,推断谷出自僮语、泰语。但这并不等于说谷类栽培于南方,谷类最早栽培在北方,甲骨文中已有记载。2002年11月22日,青海省文物考古研究所蔡林海先生在发掘喇家遗址F20号地面房址时发现一碗里有面条状遗物存留,后来据中国科学院专家鉴定分析,是小米面条,其制作工艺类似陕西饸饹面。这是迄今发现的最早的面条遗存,距今4 000多年,比甲骨文要早很多。谷类最南种植区在淮河以北,如果说"谷"与"膏"同义,且与僮语、泰语有关,也只能证明与有些学者认为的氐羌走廊民族大迁徙有关。

西坪,嶂岚城和齐家坪遗址

27日,叶老师一大清早就攀登钟鼎山。他推测这里可能是古代先民的祭天台。我们按他指引的路线,只上到半山,观望一阵晨曦中的广河河谷。

早餐后,三位北京专家,广河文化局局长唐士乾、副局长马宝民、学者马俊华等同往石坡梁考察。按照唐局长设计的路线,先考察石坡梁上的十里墩,那里既是当然烽火台所在位置,又是史前文化遗址,出土过彩陶。不过烽火台荡然无存,只有陶片散落在麦苗青青的田野间。远眺山坡间悠悠梯田和绿树,感慨不已。如此厚实的黄土层,如此高远的台地。4 000年前齐家人也应该是这种生存环境,只是梯田不会覆盖塑料地膜。

我们又绕过几道山脊，探看屹立在高坪上的明朝烽火台。远望如同一顶毡帽。这座烽火台就地取材，由黄土夯筑，保存较为完整。这里视野开阔，居高临下，可俯瞰广河县城，能清楚观测到对面群山情况。墩台一角有道裂缝，宝民说大概是被不久前的地震震裂的。墩台北面有较为开阔的土地，可能明朝士兵在此种过蔬菜、花卉。

　　从烽火台处也可俯瞰到西坪遗址上残存的两道西秦城墙。

　　返回县城，穿过一个深巷，便到城关镇大杨家村附近的"阪泉"。几棵大树，高大城墙，开阔平坦的台地，田地里耕作的人们，恬静舒缓。"阪泉"因《史记·五帝本纪》记载的炎黄"阪泉之战"而著名，近年来引发争论。有学者认为遗址应在北京延庆县境内阪泉村，主要根据是：延庆西北部张山营镇有阪山，有泉名阪泉，山脚下有上阪泉、下阪泉两村；河北涿鹿县称阪泉之战应发生在涿鹿县，主要证据是：涿鹿有巨型古泉名阪泉，方圆4公里聚集20多处古人类遗址、遗迹。另有学者认

图2.5　田野上

为阪泉在山西运城解州镇。而广河学者马俊华等则认为我们现在所处的阪泉遗址就是炎黄部落大战发生地。

下午考察的第一站就是西坪遗址。这处文化层很厚,马家窑文化与齐家文化共存,两天来从不同角度观察几次,终于成行。我们像羊群漫过田野,寻找古代文化的青草。王仁湘先生系著名考古学家,对各种文化层做出专业、精确解读。吃不准就直接说吃不准,他从不用大概、或许、也许、可能之类语词,这与时下有些所谓专家的信口开河截然不同,令人敬佩。与先生相识是2013年6月14—16日在榆林参加由上海交通大学与中国收藏家协会联合主办,陕西省民间文艺家协会、榆林文联承办的"中国玉石之路与玉兵文化研讨会"上,当时参加会议的学者多,没机会深谈。没想到会有机会陪同先生田野考察,不但能感受他严谨的治学风范,还能聆听他解读文物,莫大荣幸。王仁湘先生祖籍湖北,原为中国社会科学院考古研究所边疆民族与宗教考古研究室主任、研究员,主要研究史前

图2.6　王仁湘先生在西秦古城遗址接受采访

考古、边疆考古、民族考古、艺术考古等，1974年以来，他长期从事野外考古挖掘工作，曾先后担任中国社会科学院考古研究所四川队、西藏队、甘青队、云南队队长，主持发掘了若干重要古代遗址，其中就包括喇家遗址，著有《拉萨曲贡》《临潼白家村》《中国史前文化》《人之初——华夏远古文化寻踪》《饮食与中国文化》《饮食考古初集》《史前中国的艺术浪潮》等，主编《中国史前饮食史》及大型考古学丛书《华夏文明探秘》40种等。

与西坪文化遗址紧邻的是西秦古城遗址嵝嵚城——其实它就建在西坪文化遗址上。

要说清楚这座城，得钩沉西秦历史；又因为这段历史中包含民族融合等方面的重要信息，因此整理资料尽量详细。乞伏司繁祖上世代为乞伏鲜卑部落（包括乞伏、斯引、出连、叱卢等部）首领，游牧漠北。十六国时期，鲜卑族乞伏部司繁继任其父乞伏偄大寒为部落首领，迁居度坚山（甘肃靖远西）。因屡受后赵侵掠，遂南下陇西，与汉人杂居，乞伏鲜卑因此又称陇西鲜卑。371年，前秦益州刺史王统在度坚山攻打乞伏司繁，乞伏司繁在勇士川（甘肃榆中东北，因在汉勇士县境内，故名；又称苑川）抵抗。王统偷袭度坚山，乞伏司繁妻子儿女及五万多部众全都投降，乞伏司繁只好也投降，前秦王苻坚封其为南单于，留他在长安；任司繁堂叔乞伏吐雷为勇士护军，安抚乞伏部众。373年，鲜卑人勃寒攻掠陇西，苻坚任乞伏司繁为使持节、都督讨西胡诸军事、镇西将军，讨伐勃寒。勃寒恐惧投降。苻坚便让乞伏司繁镇守勇士川。376年，乞伏司繁去世，其子乞伏国仁继位，仍为前秦镇西将军。383年，苻坚遣吕光征西域，同时征丁壮，南击东晋，以乞伏国仁为前将军，领先锋骑。淝水之战前，国仁叔步颓在陇西反叛，苻坚遣国仁率军还击。不久,苻坚淝水大败。385年9月,乞伏国仁即自称大都督、大将军、大单于,领秦、河二州牧,改元建义。并分其地置十二郡,筑勇士城而都之,因地处战国时秦故地为国号,《十六国春秋》始称西秦,以别于前秦和后秦,后世袭用之。388年,国仁去世,其子公府年幼,群臣推国仁弟乾归为大都督、大将军、大单于、河南王,迁都金城(兰州西北),降服邻近秦、凉、鲜卑、羌、胡诸部,疆域西至金城、苑川,东暨南安、平襄,北抵牵屯,南达枹罕。394年12月,乾归改河南王为秦王,保留大单于号的同时,中央置尚书省、门下省,进一步汉化。400年正月,乾归因所居金城南景门崩,还都苑川。五月,后秦进攻西秦,乾归兵败投降,到长安,姚兴署为镇远将军、河州刺史、归义侯。401年,遣乾归还镇苑川。407年,乾归被姚兴留居长安。408年,乾归长子乞伏炽磐在大夏古城对面修筑嶂崀城。409年,乾归回到苑川,他派炽磐留守枹罕,自收众3万迁往度坚山,称秦王,复国,迁都苑川。西秦先后与后秦、南凉、吐谷浑发生争战,将其民众迁到苑川、枹罕一带以充实劳力和兵员。412年二月,乾归迁都谭郊(临夏西北)。六月,乾归及子10余人为国仁子乞伏公府所杀。炽磐率文武及两万余户迁都枹罕,八月袭位,改元永康,自称大将军、河南王。414年,炽磐出兵灭南凉,复称秦王,将势力伸入四川西部羌族地域。428年,炽磐去世,太子慕末即位,改元永弘。

431年,西秦被夏国所灭,共历4主47年。西秦学习汉人统治经验,推行封建制度,同时大力提倡佛教。《榆中县志》载,鲜卑乞伏氏"崇尚佛教,供养玄高、昙弘、玄绍3位高僧为国师,追随弟子300余人。东晋安帝隆安三年(399年),名僧法显与同学慧景、道整、慧应、慧嵬等西行取经,到西秦国都苑川勇士城时,适逢佛教徒'坐夏',留住3个多月。"炳灵寺年代最早的169窟就是西秦乞伏炽磐建弘元年以前建成的。

嵘嵚城与大夏古城隔河相对,地势更为险要,易守难攻,由此可见西秦时期局势之紧张。当地有些学者撰文认为该城曾是西秦国都,但史料未见载。从建筑时间来考察,正是乾归被羁押长安时,其地又处在西秦重要基地枹罕与国都苑川之间的交通要道上,修城目的,昭然若揭。而西秦最终被赫连勃勃建立的夏国灭亡,令人浮想联翩。因为赫连勃勃自称夏朝后裔。如今破损不堪的大夏古城与嵘嵚城遥遥相对,不知它们有多少曲折委婉的心事要倾诉。

嵘嵚城后来更名为诃诺城。北宋时期,名将王韶率军击溃羌人和西夏军队,置熙州,收复河、洮、岷、宕、亹五州,对西夏形成包围之势。他收复诃诺城(嵘嵚城)后,宋神宗更名为定羌城。王韶驻军临洮开熙河,将地方特产洮砚作为礼品送人,在苏轼、黄庭坚、张之潜、米芾等文人中传播,后来竟成贡品,

图2.7 从齐家坪眺望洮河

跻身四大名砚之列。

　　中午用餐时，油旋（郑炳林先生考证藏经洞卷子里有"油虎旋"记载）、馓子、炕炕、牛馓子、花果等各种美味面品引起大家注意。王先生不但对中国史前考古有较为全面研究，在饮食文化考古研究方面也有建树，他曾在中央电视台教育频道"百家讲坛"栏目主讲过古代饮食文化。王仁湘先生感叹说没有文化交流，今天大家就不会享受到这么多的美食。这些馓子、花果、饼子主要是烧烤而成。王先生说在没有釜、灶时，可以把东西直接放在火上烧烤，这是一种古老方法，最原始。他们在青海喇家遗址发现一座石板做成的、中国考古发现最早的烤炉，制作时用薄石板支起来，下面烧火，上面放食物。在其他新石器时代出现的陶做的齿状烤箅，上面放食物或烤鱼、烤肉。如今，烤乳猪、烤全羊、烤羊肉串等烧烤食品依然盛行。

下午，考察大夏古城、赵家遗址后，上高速，直奔齐家坪。一条新修的柏油路正在紧张施工，要迎接即将到来的齐家文化国际学术会议。

　　古代先民耕种过的土地上，辛勤的齐家坪镇人自足自乐地生活着。他们大多数都知道安特生及其主要成就，友善打量来客。齐家坪台地上文化层随处可见，各类陶片散布在田野间，恬淡自然。我们从高高的山塬上俯瞰洮河，远眺对面的大碧河谷。据说，大碧河发源于马衔山，每当暴雨后就有玉石冲下，人们便到河谷地带捡玉，或多或少，都有收获。

　　之后我们穿过村镇到齐家坪遗址纪念馆。我们上次到达时是7月下旬，仅仅半年多时间，水泥道路已经铺通，纪念馆内也整修一新。馆内展览安特生及相关文物、历史图片。大家建议应该在馆前立一尊安特生像，纪念这位对中国考古做出过重要贡献的外国人。

　　安特生曾任万国地质学会秘书长、瑞典乌普萨拉大学教授，兼任瑞典地质调查所所长。1914年，中国北洋政府根据当时地质调查所（隶属于农商部）负责人丁文江先生建议，决定聘请安特生前来中国担任北洋政府农商部矿政司顾问。北洋政府的目的是寻找铁矿和煤矿，以实现富强之梦。安特生接受邀请，经过印度，辗转到达新疆，沿塔里木河一路向东，内心交织着兴奋、惊喜、冲动、希望、梦幻和理想，于1914年5月16日顺利抵达北京。第二天便前往中国农商部赴任。后来，安特生完成了《中国的铁矿和铁矿工业》和《华北马兰台地》两份调查报告。安特生对中国的印象大多来自斯文·赫定的《丝绸之路》。这部关于中国西域的巨著使沉寂多年的楼兰古城重见天日，也让斯文·赫定一举成名。但他却没有斯文·赫定的好运气：军阀混战使他的寻矿计划变为镜花水月，他献身地质的梦想化为泡影。1916年，袁世凯倒台，地质考察研究因经费短缺而停止。安特生便把精力放在对古生物化石的收集和整理研究上，紧紧盯住浩如烟海的华夏文化。

1923年，安特生在《地质汇报》第5期发表《中国新石器类型的石器》。他推测中原地区的彩陶文化可能从西方传播而来，便决定迁往陕甘地区，寻找史前文化遗址，以验证其观点。这年6月21日，安特生率领考察团到达兰州。此后几年，

图2.8 临夏博物馆藏齐家玉器

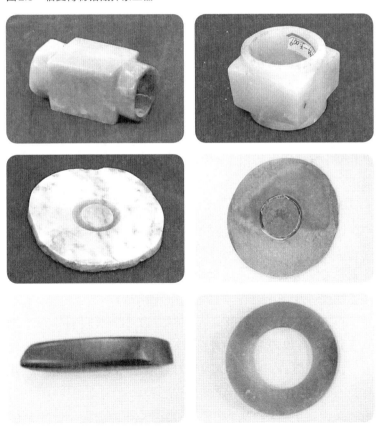

他们主要在以兰州为中心、半径400公里范围内活动。他首先研究黄河沿岸地质，对用牦牛皮和羊皮制作的皮筏子产生浓厚兴趣，并将这些皮筏子作为搬运文物的工具。六七月份，他们继续西行，在西宁十里堡、贵德罗汉堂、西宁朱家寨等地进行考古发掘。9月，安特生的助手发现一处仰韶文化时期的聚落遗址——朱家寨遗址，发掘出43具人骨和大量随葬品，是当时仅次于仰韶村的一次发掘。不久，1923年秋，安特生又在青海省湟中县卡约村发现卡约文化遗址。"卡约"为藏语，意为"山口前的平地"。卡约文化是古代羌族文化遗存，年代约为公元前900～前600年，是中国西北地区的青铜时代文化，东起甘青交界处的黄河、湟水两岸，西至青海湖周围，北达祁连山麓，南至阿尼玛卿山以北广大地区，是青海省古代各种文化遗址中数量最多、分布范围最广的一种土著文化，西宁盆地中遗址最为密集，显然是其分布的中心地带。居民以从事农业为主，工具多石器，有斧、刀、锤等，但已出现铜质的镰、刀、斧、锥和镞，手制陶器的典型器物为双耳罐、双大耳罐、四耳罐和瓮等。

他们满载而归，回到兰州过冬。在兰州，安特生和他的助手收购了一批精美彩陶。1924年4月23日，他们沿洮河南下，抵达洮河流域，发掘了灰嘴遗址、辛店遗址、齐家文化遗址和马家窑文化遗址。6月26日，他们发掘出广河半山文化遗存，接着发现寺洼文化遗存。7月中旬，工作基本结束。

1924年10月，安特生回到北京，1925年返回瑞典。这年他发表了《甘肃考古记》，对以前观点再次修正，否定中国文化源于新疆的假说，肯定彩陶及一些农业技术是从近东起源，并沿新疆、甘肃传入河南；而仰韶是自成体系的文化。1927年、1937年，安特生又两次到中国进行一些短暂考察。他的全部精力都投入对中国史前文化的研究上。1943年,安特生出版他长期研究中国史前史的结晶《中国史前史研究》,再次修正其观点,得出仰韶彩陶与近东无关结论——他彻底改变了"中国文化西来说"。

三 临夏博物馆的齐家玉,新庄坪遗址

　　28日上午广河县召开座谈会。第一次听王仁湘先生发言,感触很深。会后用完餐,大家即前往临夏考察。近些年,我陪同叶舒宪先生跑临夏等地考察,见证了沿途城镇、道路的发展情况,尤其是临夏州博物馆、广河县博物馆的巨大变化。

　　1990年,我看望在甘南工作、由诗人转型为律师的高中同学刘礼,首次路过临夏;1994年,前往夏河拉卜楞寺、桑科草原,再次路过,得学生吴波、杨倩热情招待。但那时候对临夏的认识局限到"花儿"。真正对临夏史前文化开始关注,是受到叶舒宪先生的影响。

　　2005年6月,叶老师受聘到兰州大学兼任"萃英讲席教授"抽空到东乡、广河、临夏、甘南等地重点考察了马家窑文化、齐家文化、大地湾文化等著名古文化遗址。那次我没有同行,只是陪着逛了逛隍庙。2006年,叶老师两次到甘肃考察:第一次,夏天与兰州大学武文教授、张进博士去陇南,途经通渭、天水、成县、西和等县,主要调查当地民间文学、民间文化传承情况。回来后他说西和流传着有关伏羲女娲创世的"史诗",让我关注;第二次是冬天,他参加一个由宁夏民间团体组织的西夏文化考察队,沿河西走廊寻访与之相关的博物馆和西夏文物遗迹。2007年底到2008年初,叶老师先后两次深入

临夏、广河，考察齐家文化。第一次，我与哈九清兄、马正华副县长以及叶老师的博士生王倩、唐启翠女士陪同。大家坐在破旧的中巴上，讨论，说笑，唱歌，像吉卜赛人一样。连续几天，他与大家一起，吃手抓，啃大饼，转博物馆，泡古玩店铺。回兰州，叶老师到青海考察柳湾遗址，小憩几天。2008年元旦，我们再次到临夏，看很多店铺和私人收藏的陶器、玉器，乘坐大巴带夜返回。我困得一路打瞌睡，叶老师却像小孩子，饶有兴味地把玩购买到的齐家玉件。2008年底，叶老师汇集几次考察成果的著作《河西走廊：西部神话与华夏源流》由云南教育出版社出版。从此，叶老师与甘肃乃至西北的缘分越来越深，他总是创造机会跑向田野，每次都有发现和重大收获。2014年7月24日，玉帛之路文化考察团前往临夏考察。我们出永靖县城，经过新修建的、飞架在刘家峡上空的黄河大桥，便在缠绕于黄河南岸山巅之间的公路驰骋，大家似乎从高空俯瞰黄河及对岸的风景，美不胜收。叶老师不断抢拍，他还启动摄影功能，拍摄外面地理景观，自己配解说词，留作以后写作时的提示资料。

叶老师是第四次到临夏考察。临夏州博物馆是一座新建筑，大气磅礴，雄伟壮观。多年来，我们见到的文化设施大多破旧、衰老，暮气沉沉，负责人也多是老学究类型。临夏州博物馆让我们大感意外。临夏文化灿烂辉煌，又有许多与夏朝有关的神话、民俗、传说等，只有这种宫殿式的圣堂才能够与那些闪烁着史前人类智慧光芒的文物相匹配。

大家先看新布展的马家窑彩陶。临夏彩陶蔚为大观，可以说是一部以器形、质地、色彩、图饰等多种元素进行宏大叙事的历史长卷，也像史前人类的雄浑合唱。很多展品以前看过，这次看还是有新发现，有新震撼。一件陶祖（仿男性生殖器，

15公分）令人称奇。这是2011年9月博物馆副馆长李焕云从临夏民间收藏者征集到的，他说起来充满自豪。还有一个彩陶人头雕塑，眼前和鼻下都有黑色线条，不知是眼泪还是有其他蕴意？

很多陶器出土地是虎关乡流川村和银川乡新庄坪村。

接着我们被允许亲密接触从未正式公布过的齐家玉器。近年来，从民间收藏家处看到不少齐家玉器，但学术界不愿面对它们。因此这次观摩非常有意义。开始前，马颖先发表简单讲话，然后按照管理规定，有条不紊地出示文物，并有专人记录。

在下午大部分时间大家都怀着巡礼朝拜般的心情零距离观赏了积石山县银川乡新庄坪遗址出土的玉琮、玉璧、玉铲、玉环、玉钺等齐家玉器。王仁湘、叶舒宪、易华三位先生都有高见，计划写文章，这里不再引述。

晚上，我们到民间收藏家马鸿儒府上观瞻藏品，叹为观止。马鸿孺说不愿让这些文物流向市场，最终要展示给人们。有品位、有思想的收藏家，大致都这样，到一定程度，就不是简单的卖出买进了，他们以自己的方式研究文化，弘扬文化。

4月29日，大家七点起床，用餐后即往积石山县银川乡新庄坪遗址"朝圣"。出城后，我们沿着唐蕃古道行进。喜鹊和一种不知名的鸟飞着，叫着，祥和快乐。已是暮春，山间桃花还在水渠边、田埂上乐陶陶开放，如同少女笑颜，美丽纯净。路旁高大柳树下，两位服装艳丽的妇女闲坐，构成一幅恬静自然的水彩画。汽车在山野间盘旋行驶一阵，到路牌标示积石山与银川分叉处，拐进乡间水泥路。银川河出现后，道路就与河流方向大致保持一致了。我到一个村舍边下车拍照。银川河发源于积石山，水量并不大，但俯瞰其大转弯形成的壮阔图景,也很震撼。河谷地带越来越窄,汽车停在新庄坪村。这个著名的齐家文化遗址就位于银川河台地上,东靠多多山,西临银川河,南至西沟,北至后庄尕寺根,其地发现过少量马家窑文化马厂类型彩陶残片,但主要文物是齐家文化的陶器、骨器、石器、玉器和大量灰层、灰坑和墓葬。

离开村庄,上到开阔台地上,大家排成一队,在田埂上行走。新庄坪遗址现在是省级文物保护单位,已经划定保护范围,立碑告知。昨天仔细观摩了文物,今天又到出土现场考察,这种幸福感流溢在每一个人的眉宇间。这里距离王仁湘先生当年考古作业的喇家遗址直线距离只有大约三十公里,4 000年前,两处齐家文化的居民肯定有来往。身临其境,时空距离似乎被拉近,古意盎然。踏勘中,举凡所见陶片、石器、人骨、灰层都那么亲切那么温馨。能够证明夏文化与齐家文化之联系的证据越来越多,越来越清晰了。

考察新庄坪遗址收获之一是,有件品相颇佳、经王仁湘先生鉴定的新石器,我们捡回来,作为丝绸之路文化艺术资料馆藏品——这也是截至目前我们采集到的最有价值和最有故事的史前文化资料。

四 马衔山

齐家文化玉器材质大体包括石、半石半玉、玉,还有绿松石、天河石等,受当时经济、交通等条件限制,只能就地或就近取材——不管"就地还是就近",都必须有玉矿。考古发掘和矿石开采活动表明,齐家文化分布范围内存在着丰富玉矿,武山、积石山、马衔山、祁连山等地都有玉矿发现。但几千年前

图2.9　马衔接山玉料

被用来制作齐家玉器数量最多、质量最好的当属马衔山玉料，当然也有少量和田玉、青海玉。兴隆洼、红山、大汶口、良渚、龙山、凌家滩、石家河、夏家店、陶寺、二里头等高古文化玉器选料基本以本地玉材为主，其材质各有特点，但整体上较马衔山玉料逊色很多。马衔山处于齐家文化中心区，玉材坚硬、致密、油脂性强，其中大部分为质地极为细腻均匀的微晶质玉材，其硬度、密度、油脂性和晶体结构都接近和田玉，颜色更为丰富，有青白玉、白玉、黄玉、碧玉、墨玉、糖玉、杂色玉等，为齐家文化玉器的繁荣发展提供了得天独厚的自然条件，也才诞生了玉璧、玉璜、玉琮、玉璋、玉圭、玉刀、玉戈、玉钺、玉戚、玉斧、玉锛、玉凿、玉铲、玉握、玉梳子、玉管、玉镯、玉坠、玉珠串饰、玉臂饰等各种各样的玉器。

　　29日一项重要考察任务就是拜诣马衔山。中午赶到广河用餐,然后驱车上高速走一段,从三十里墩下来,沿309国道进大碧河谷。首先到峡口镇,与朋友介绍的民间收藏家杜天锁(34岁)对接。他给我们出示捡来或收到的马衔山玉料,可与和田玉媲美,我们大为吃惊。叶舒宪先生口口声声多次念叨马衔山,委托我调查玉矿。我曾两次从榆中县城出发到过马衔山,看见高山草甸和牦牛。其中一次还遇到大风暴雪。实际上,我对马衔山出玉总是持怀疑态度。26日见面后叶老师赠我一本他与古方主编的精装本《玉成中国:玉石之路与玉兵文化探源》(中华书局2015年4月出版),其中收录古方先生《甘肃临洮马衔山玉矿调查》,看到玉料、玉山图录,我才相信马衔山产玉。

马衔山地处兴隆山南侧,在榆中、临洮两县交界处,属祁连山脉向东延伸的余脉,呈西北—东南走向,海拔3 670米,是陇中高原最高山峰,系洮河与阿干河、宛川河的分水岭。山顶宽约8至10公里,长约40至50公里,地势高耸,气候严寒,与青藏高原类似,山上没有黄土层,而有高山草甸土与草甸植被,山间生长着野党参、贝母、防风、柴胡、秦艽、羌活、甘草、赤芍、黄柏等多种名贵中药材。

马衔山历史悠久,流传着大石马、小石马、石棺材、金龙池等民间传说。相传汉武帝西巡时到过此地。据《榆中县志》记载,唐代《故交河郡夫人慕容氏墓志序》中称马衔山为"薄寒山"。宋、明称"马御山",明太祖洪武二十五年,肃庄王朱楧辟作避暑山庄。马衔山中的官滩沟是历代甘肃施政官员所看重的养马基地,至今留存一座明肃王"牧马官滩"界碑。马衔山曾名空头山。清代,以"山有野马数群,土人围之,马皆化为石"传说故事改名马寒山,后又改名为"稀薄地山"。民国改称"马衔山",又作马唧山(甘肃人读衔、唧均为寒),沿用至今。民间收藏界都知道齐家玉器很大一部分原料来源于马衔山，由其制作的玉璧、玉琮时常在收藏家手中传递。最早在1985年7月，专业人士就对马衔山玉石样品鉴定，矿物成分为阳起石化透闪石，属软玉类，主要化学成分与和田玉十分接近。2012年5月28日至6月1日，古方、杨雪峰、姜延亭、乔健、马建平等人考察马衔山玉矿，古方撰写《甘肃临洮马衔山玉矿调查》一文，他综述考察成果：

1. 马衔山玉矿玉料成分为透闪石，含量最高为80%，属于古人心目中的"真玉"。颜色主要为黄绿或灰绿色，大部分不透明，质量最佳者为韭黄色透明度较高的玉料；

2. 马衔山玉料形状分山料和水料，但块度都不大，现代工艺价值较低，但不排除远古时代曾大规模开采，以致现代玉矿资源枯竭；

3. 通过对马衔山周边地区博物馆和民间收藏界史前玉器的调查，其玉料存在一致性，可以肯定该地点的玉料是齐家文化玉器原料来源之一。由于马衔山玉矿地处齐家文化范围的腹地，在古代可能被大量开采；

4. 类似马衔山玉料的齐家文化玉器，在甘肃东部地区也有发现，说明在距今4 000年的玉石之路上不仅仅输送的是和田玉，也包括了甘肃地区出产的玉料。

这是有专业学者参加的首次考察，而且明确提出马衔山玉料与齐家文化及玉石之路的重要关系。根据古方先生考察，马衔山玉矿（又称玉石山）位于临洮县上营乡和峡口镇境内，地理坐标为东经104°17′，北纬35°39′6″；又有马鸿儒、杜天锁带路，考察团沿309省道在山沟谷地中穿梭一阵便进入旁边伸出的便道。汽车在砂石路上颠簸，时见山间几户人家和近处隐居般的农家小院。杏花寂寞开放，正如白居易在《大林寺桃

图2.10　玉石山下巧遇寻矿人

花》书写的情景："人间四月芳菲尽,山寺桃花始盛开。长恨春
归无觅处,不知转入此中来。"走过几道沟,翻越几座山梁,终
于看见"高山草甸土与草甸植被"和如柱如笋、高耸斜立在蓝
天下的玉石山。为确保万无一失,叶舒宪先生让我拿出"红宝
书",找到古方的文章及配图进行比对,确认后,大家才沿着一
条小溪谷往山上走去。山脚下的坡地不陡,但路很长。山上有
几位老百姓在低头找玉料。近年来,由于齐家玉器价格飙升,
马衔山玉料也走俏市场,附近百姓不安于现状,只在暴雨后到
大碧河谷"捡漏",直接到山里来找。

　　半路山,迎面走来四五位有专业装备的采矿人,聊天后得知
他们来自兰州,从事珠宝行业鉴定工作,利用周末时间来寻找玉
料。其中有位男士住在安宁区费家营。人生何处不相见!

　　开始还集结成群的"找玉队伍"逐渐稀落、散开,我和叶舒
宪、易华、漆子杨跟随杜天锁朝着形态奇异的主峰攀缘。这里
海拔大约3 500米左右,大家行动缓慢,腿特沉重。天气也逐

渐凉下来。回望远处,人影如石头,天空阴云翻滚,开合不定。资料显示,因寒冻作用,马衔山海拔3 500米以上即有古代冰缘遗迹,又有现代冰缘形成。即便我们眼睛须臾不离开山顶巨石,但还是有强烈的梦幻感。谁能想象到干涸的黄土山峁围拥中会出现这样的石山!

接近玉石山,地势陡然险峻,山峰如林,笔直竖立。我们走"之"字形路线。马衔山地层属前震旦系马衔山群,以各种混合岩为主,片麻岩及片岩次之,玉石山坡遍布滚落过程中受阻而就地暂驻的各类石头,大者如斗,小者如卵。但没有一块完整玉石。回望山下滩地,其他考察人员渺茫如豆;从他们所在位置观望,也许我们就像悬挂在山腰间的山羊。叶舒宪先生与杜天锁最先到达石峰下,我和漆子扬教授次之,易华兄最后抵达。

他说有高山反应了,心跳速度加快。现在的海拔应该已经超过3 500米。驻足玉石山峰下,俯瞰远近群山,更觉所处地势之高悬,时空之久远。特别是溪流般邈远逶迤的黄土丘陵以及岁月皱纹似的层层梯田,都不由得让人顿生沧桑之感。马衔山属祁连山脉向东延伸余脉,为陇中高原最高山峰,早有"陇西古陆"之名,登临此处才有明显感触。

喘息一阵,我们才仔细打量玉石山峰。这是整座

图2.11 叶舒宪先生在马衔山玉石山

巨大岩石形成的高耸山峰,下有深坑,显然被开凿过多少年,石坑里外丢弃很多淘汰的石块,它们中间或许就有璞玉。但从这里搬下山都异常困难,遑论带回兰州。我找到表面看起来玉性较好的一块石头做样品。杜天锁说山峰这边是绿玉,背后山沟里则全是黄玉。因天色渐暗渐冷,我们没力气攀登到山峰顶部向四处张望,便在前任开采过的石坑、石洞察看一阵,下山。

唐士乾拿着一块西瓜大小的玛瑙石,说是王仁湘先生所捡。这位兢兢业业的考古学家还在另外一条沟里寻寻觅觅。

三位考古学家要去定西,我们从三十里墩上高速,返回兰州。

5月1日上午,西北师范大学《丝绸之路》杂志社、中国文学人类学甘肃分会就齐家玉文化在兰州嘉峪关宾馆组织主题为"齐家文化与玉帛之路文化考察"的访谈活动,主要采访王仁湘、叶舒宪、易华三位先生。叶舒宪先生将近年来围绕齐家文化与玉石之路已经完成的和正在策划中的玉帛之路考察归纳如下:

第一次:玉石之路山西道(雁门关);

第二次:玉帛之路河西走廊道(齐家文化与四坝文化之旅:民勤—武威—高台—张掖—瓜州—祁连山—西宁—永靖—定西);

第三次:玉帛之路环腾格里沙漠路网考察;

第四次:玉帛之路与齐家文化考察(齐家文化遗址与齐家玉料探源之旅:兰州—广河—临夏—积石山县—临洮马衔山—定西);

第五次:2015年玉帛之路草原道。

叶舒宪先生自2005年来西北考察,易华兄从2008年开始到西北漫游,他说当年独自一人背着书包到处走,而现在不经意间形成志同道合的团队，再三感叹。王仁湘先生则是专业考古学家，很早就来西北。但我深入了解还是这次。想起他在考察中的每个细节，都怦然心动，充满敬意。访谈后，易华兄外套落在宾馆，王先生顺手拿起。这件小事微不足道，易华兄动情地说："他就像父亲。"他年轻时的学术论文被王先生编发，后来又邀请他参加国际学术会议，并把难得的发言机会让给他。

　　齐家玉器材质好，沁色美，品种多，种类全，简洁朴素，4 000年前的齐家居民对它们怀有原始宗教般崇拜和热爱，祭祀、起居、生产、佩饰等都要用玉；四千年后，这些严谨学者从山西到内蒙古，从陕西到甘肃、青海，从宁夏到新疆，孜孜不倦，超凡脱俗，探勘每一处有可能蕴含珍贵信息的齐家文化遗存或遗址。孔子曰："君子比德于玉焉，温润而泽仁也。"没有这种情操和理想，怎么会长年累月跋涉在荒山野岭之间？

　　《周易·乾》说："同声相应，同气相求。水流湿，火就燥，云从龙，风从虎。圣人作而万物睹。"这些年来，大家基于共同的志趣、追求，自然而然走到一起形成团队，不掺杂任何私心杂念，不计较利害得失，难道不算是很快乐的事情吗？

第三部分

河西走廊与草原丝
绸之路的互通：龙
首山文化圈考察

龙首山位于河西走廊中段北部，是河西走廊与阿拉善高平原的分界线。西起板桥堡，东至金川镇，长195公里，宽30～35公里，为西北—东南向的断块山。山形似龙，故名。海拔在2 100～3 439米之间，主峰东大山海拔3 616米，高出走廊平原1 400米，阴坡海拔2 500米以上，有小片青海云杉为主的针叶林，海拔2 500米以下有旱生灌木、半灌木。龙首山主要保护对象为青海云杉及其森林生态环境。1980年9月，东大山自然保护区成立，区内兽类有雪豹、岩羊、鹅喉羚、猞猁、甘肃马鹿、猞猁、石貂、狐、狼、旱獭；鸟类有草原雕、金雕、暗腹雪鸡、鸢、高山雪鸡、石鸡、小沙百灵、毛腿沙鸡、伯劳、凤头百灵、贺兰山小红尾鸲、赫红尾鸲等50余种。东端龙首山巨型硫化铜镍矿世界著名，还伴有10多种金属和贵金属。

　　从文化意义上来讲，龙首山是绿洲农耕文化与漠北草原文化的分水岭，也是绿洲丝绸之路与沙漠（草原）丝绸之路的界限。自然形成的人祖口和红寺湖山口沟通两大文化带，也是

图3.1　阿拉善荒原

两条古代交通要道。2015年5月28日,我从兰州出发,围绕龙首山,考察其周边史前与古代文化遗址及交通线路。5月31日翻越乌鞘岭返回兰州。

每次出行,不是雪就是雨。这次是小雨,淅淅沥沥毛了一路。原打算走国道312线老路,翻越乌鞘岭,顺带考察邻近马牙雪山的汉长城,虑及海拔较高的乌鞘岭会下雪,便直接从高速穿越隧道到武威。途中,看到半山腰间有个叫"哈溪"的地名,怀疑应与"哈思"一样都是蒙古语,景泰、靖远交界处有哈思山。打电话请教才吾加甫,说蒙古语哈思意为"玉"。那么哈思山就是玉山?那里也产玉?

中午,与徐永盛、何鸿德吃"三套车"(茯茶、卤肉、行面),然后沿G30线之金永高速前进。前方天际处,一带远山逶迤布置,那就是龙首山东段。

一 鸳鸯池、三角城

从河西堡下高速,到金化公司门口等待与陈学仕推介的向导赵德虎会合。看到金华公司门口的狮子石雕很有特色,像《狮子王》中的造型;附近两家单位的门前狮子也各有特色,我们过去拍了照片。方圆不到一平方公里,竟然有三种风格迥异的狮子造型!

赵德虎到来,带我们沿河雅路(河西堡—雅布赖)找到鸳鸯池村南鸳鸯池新石器文化遗址。金川河水从水泥渠道淙淙流淌,电厂烟囱从层层平房后面高高伸出。这处遗址属于马厂类型文化,在1973年修建电厂时被发现,后来进行清理,出土陶器、石器、骨器等,其中以石英岩石片为刃的骨刀尤为精致。

彩陶有壶、瓶、单、双耳罐、鸭形壶、鸭形杯等，还有绿松石装饰和石雕人像。《考古》于1974年5期、《考古学报》于1982年2期介绍过发掘情况。

遗址没有任何标志。一位老人指着东南方凸起的红山说：那里有长城，我们小时候还很高呢。那应该是汉长城。老人说现在红山脚下仍有长城遗存，山顶有烽燧。

之后，"凭吊"金川河古河道，参观新修渠道，告别赵德虎，前往金昌市，走古盐道遗址上新修的河雅路。从河西堡到雅布赖147公里，大多为平川地，翻越一道不算高的石头山，左边为龙首山，右边是川原，绿意盎然。大学同学孙云在市郊约定地点等候，他带我们去三角城遗址。

金川区域内有51处文物点分布，文化类型丰富，跨域历史时期较长，相对较早的可追溯至西周至春秋战国时期的沙井文化，更早或可追溯到新时期晚期的马家窑文化。

沙井文化遗址发现于永昌、金昌、民勤、景泰、永登等地，距今2 800～2 400年间，即中原地区春秋战国时期。三角城遗址地处金川河下游、金昌市金川区双湾镇三角城村北侧，属青铜时代集城址、墓葬群以及房址、窖穴、祭祀坑为一体的一处沙井文化大型遗址，它是青铜时代沙井文化最具代表性的文化遗存，为彩陶文化发展拉上了帷幕。1924年，安特生博士在甘肃民勤和永昌（现在的金昌市）境内考察时将该遗址文化遗存归为"沙井期"，列在甘肃史前文化"六期"之末。1948年裴文中带领西北地质考察队再次考察，首次提出"沙井文化"命名。1976年，村民在遗址内挖掘出陶器、铜刀和铜镞等文物，当时武威地区和永昌县文化部门两次派人到遗址现场调查；1979—1981年，甘肃省文物工作队和武威地区展览馆复查后发掘三角城、蛤蟆墩两遗址及西岗、柴湾岗墓地，清理墓葬585

座,出土金器、铜器、铁器、石器、陶器、卜骨、贝币、毛、麻织品及皮革等文物共2 112件。这次考古引起关注点较多:第一,以三角城为代表的沙井文化是河西走廊青铜晚期至铁器时代早期遗存,石、彩陶、铜、铁并存,先民文明程度较高,有城镇化和集约化雏形。按照陆续发现和出土的马厂陶罐来看,顺应了"马厂文化的一支沿河西走廊向西北发展,以甘肃省永昌县鸳鸯池遗存为代表,逐渐演变为四坝文化,向西进入新疆中部,最后在新疆绝迹"的结论;三角城村涝坝岗的出土文物表明周围有数量较多的马厂类型彩陶出现,甘肃省考古所部分科考人员在察踏时,发现地表有部分陶片与齐家文化彩陶纹饰相近;第二,墓葬以竖穴偏洞墓室为特征,与甘青地区既相承又不同,与中原文化既相似又独立;第三,民族属性独特而重要。起初专家认为三角城遗址应该是古月氏遗存,近来又有专家考证为乌孙族遗存。兰州大学汪受宽教授考证史前河西走廊武威至张掖地区内民族,根据史料记载研究得出乌孙和月氏结论;第四,文物丰富独特,自成体系。陶器多为夹砂红陶,青铜器物众多,形制与鄂尔多斯相似又不同,还有镶绿松石的凤首金耳环、铁犁铧、众多骨器、石器,对研究众北方游牧民族演变、发展、消亡、融合历史有考证、佐证、印证的巨大作用。

孙云带路,"前途迷茫"时就打电话询问,终于到三角城遗址展览馆,大门紧锁。据说只有一些图片。于是驱车穿过田野间的"阡陌",寻寻觅觅,到了金川区博物馆。馆长胡文军率领工作人员在等候。胡文军脚部昨天严重受伤,一瘸一拐。讲解员毕业于西北师范大学旅游学院。博物馆在幽静的院落中,分为凿石成器、抟土成器、铸金成器、金川遗珍四部分。我们仔细钻研这些文物。三角城出土的石磨盘、双耳罐、单耳罐、彩陶壶等都较为粗糙,处处显示着陶器文化的衰落。不过,以夹

图3.2　龙首山下的三角城遗址

砂红陶为代表的沙井陶罐形制独特。而金箔饰件和各类青铜
配饰、铜器、铜具、铜管、铜环，以虎噬鹿、大角羊等精美动物形
象铸造的青铜牌饰和青铜生产工具、兵器、马具和服饰饰品则
彰显出青铜文化的繁荣兴盛。六连珠、三连珠、四连珠环形牌
饰与敦煌壁画中的联珠纹饰似乎有某种关联。铁器时代农耕
文化典型代表是铁犁铧等。还有弥足珍贵的皮革和纺织品。

目前为止，三角城村东岗附近出土最晚的文物是两汉时期灰陶罐。据史书记载，汉朝之前河西走廊为大夏、乌孙、月氏、匈奴等游牧民族角逐，直到西汉势力进入。乌孙人最后离开河西走廊的时间大约在公元前175年。上世纪70年代，甘肃省博物馆文物队在酒泉、玉门一带发现骟马类型遗址，可能是乌孙在河西走廊活动的文化遗迹。唐朝颜师古《汉书·西域传》注云："乌孙于西域诸戎其形最异，今之胡人青眼赤须、状类猕猴者，本其种也。"由此可见乌孙为碧眼赤须、深目高鼻的白种人。苏联伊凡诺夫斯基和中国韩康信等人类学家对考古发现的乌孙人头骨测量分析，证明乌孙人基本属欧罗巴人种的古欧洲人类型和中亚两河流域类型，也有蒙古人种特征。

三角城遗址对深入研究沙井文化内涵、河西走廊史前文化以及先秦时期西北少数民族史具有较高学术价值。三角城遗址西岗墓群、柴湾岗墓群、上土沟墓群墓葬内尸骨部分存于甘肃省考古研究所，若从人类学基因研究和比对方面得出结果，从而与基因研究的结果相互印证，或许能解决沙井文化三角城遗址古金川河流域先民来源问题，也可为解决骊靬人来源提供依据。2009年12月，金川区申报三角城遗址为全国重点文物保护单位。2013年以其"出土器物精美而独特，内涵文化因素丰富而复杂"而入选全国第七批重点文物保护单位。

2014年7月，我们玉帛之路考察团到达民勤，大家站在酷热的沙丘上遥望龙首山及其山脚下的鸳鸯池、三角城文化遗址。这次踏勘，算是了却一桩心愿。

我们在夕阳中探勘被铁丝栅栏围起来的三角城遗址。这是一片略微凸起的平缓山冈，文物工作者考察挖掘过的坑洞虽遭风雨侵蚀，但依然醒目。遗址周边农田，树和庄稼绿得发疯。龙首山骆驼峰像浓度颇重的云雾在西方天际涸出一道剪影。金川古河道从北边流过，是它养育了三角城文化。沙枣花飘香，古址闻鸟啼。鸟是布谷鸟。

孙云最想给我们展示的是金川国家矿山公园。因为他大学毕业后就在金昌工作。当年离开母校，我们一起乘坐275次列车到兰州，路上畅谈理想抱负。他本来分到甘肃农业大学，我在兰州师专，两校相邻。到兰州，我被兰州市委宣传部工作的一位老乡鼓动，头脑一热，决定下海南。孙云说待在农大没意思，也回金昌，先在学校当老师，后来成为学校、公司干部。

金川公司历经50余年矿产资源开发，上亿吨废弃物堆积在龙首山下3平方公里范围内。金昌市地企、军企密切合作，市民积极参与，对矿区固废及周边环境实施全面、系统整治，在龙首山北麓种植金叶榆、国槐、刺槐、柠条、地伏等乔木、花灌木等，形成长达4公里的绿色屏障。建设成的金川国家矿山公园分主题形象区（主碑广场区）、采矿展示区（露天采矿、井下采矿展区）、山体绿化修复区、太极沙生园区、接待休闲区等五大板块。我们先到观景台俯瞰金昌市全貌，然后参观中国最大的人造天坑——露天矿老坑（龙之谷）、亚洲最长的主斜坡道等景点，深刻感受镍都开拓者的艰辛和伟大。又到孔雀峰（十里矿区观景台）观赏。金川镍矿石中国三大多金属共生矿之一，以镍矿为主，硫化镍储量居世界第二位。伴生有铜、铂、钴等十八种有色和稀有金属。镍、钴产量全国第一，并为中国铂金属主要产地。金川铜镍矿是1958年由甘肃省地质局发现，矿床规模巨大，矿体数以百计，不仅镍和铜储量巨大，而且伴生相当可观的铂、钯、锇、铱、铑、钴、金、银、硒、碲、铬等十几种有用元素。

现代工业城市与古金川河绿洲、三角城文化遗址在龙首山麓雄阔地展开，思绪万千。龙首山富藏多种矿物，金川博物馆陈列的铜器、铁器原料是不是就是从这里开采、冶炼？三角城文化遗址处在河西走廊与漠北交界地带，文化层次多，类型独特，延续时间长，除了受丰沛柔美金川河的滋养，会不会也与阳刚伟岸的龙首山密切相关？有多少部族为了抢龙首山铜矿在这里展开厮杀？又有多少矿石或青铜沿着草原玉石—丝绸之路走向各地？

山下露天广场陈列着蒸汽机车、自卸卡车、潜孔钻机、挖掘机等机械设备，与刚刚在金川博物馆里参观的石器、铜器、铁器等各类用具相比，勾勒出人类历史进程中的大开大合。斯人远去，器具犹存，两相对照，不胜感慨！历史烽烟，缥缥缈缈，确有穿越之感。

晚上孙云介绍《金昌日报》总编胡文军相见。陈学仕也来了，带些文史资料。餐后，我们到宾馆聊天到深夜。即将告别，他打开手机展示侄女照片，活脱是金发碧眼的欧洲小女孩！

他说自己就是骊靬人后裔。他问我他的来源问题。我说或许就是乌孙人后裔。

● 雅布赖盐湖

29日清晨，一路向北，奔赴雅布赖盐场。孙云驱车陪同。出金昌市区，沿S212线北进。这也是古盐道的路线。

经过几个烽墩，很快就到巴丹吉林沙漠边缘。远方有逶迤连绵的低矮山丘。根据资料和地图，雅布赖山系巴丹吉林沙漠和腾格里沙漠弧形隆起的一个山脉，为东北—西南走向，由地壳变化形成的红褐色风蚀岩石构成，高峰耸立，巍峨壮观，横贯阿右旗境中部，长110公里，最宽处20公里，面积1 800平方公里；海拔高度 1 600～1 800 米，最高峰 1 938 米，东南侧悬崖绝壁，西北侧坡度较缓，为巴丹吉林沙漠东缘重要屏障。雅布赖山中生存着岩羊、山鸽、鼹鼠、盘羊、岩羊、山鸡、石貂、鹅喉羚等野生动物，还蕴藏着风蚀原石构造的额日布盖大峡谷。我们猜测雅布赖山不可能那么平缓。

穿越许多沙漠、荒地、戈壁、石山，最后到名叫"九棵树"的地方，才看见了巍然屹立的雅布赖山真容和苍苍莽莽的盐场。一辆运盐的大卡车正在吃力爬坡。以前，则主要靠骆驼驮运，其路线我在《环腾格里沙漠考察记》中有较为详细调查记录。

"雅布赖"系藏语，意为"恩山、父子山"；另说雅布赖由蒙语"雅巴赖"演变而来，意为"走"。传说有位黑将军被对手打败后逃至此山，保住性命，他离开时称此山为雅布日山，愿此山成为众山之父。

孙云联系雅布赖盐化集团有限责任公司副经理白生福后，先去雅布赖镇。雅布赖镇东靠曼都拉苏木，南与甘肃省民勤县相连，西与巴丹吉林镇接壤，北隔巴丹吉林沙漠与阿腾敖包镇相望，地理坐标为东经101°52′～103°33′、北纬39°08′～40°18′，省道 S317 线和 S212 线两条主干线贯穿全境，分别与盟府、旗府及甘肃金昌、民勤相连。雅布赖是阿拉善右旗第二个中心城镇，因雅布赖山而得名。1961 年设立阿拉善右旗，曾驻呼和达布苏（今雅布赖盐场旧址）。1965 年驻地迁至额肯呼都格（今巴丹吉林镇）。雅布赖盐化集团有限责任公司厂部就在镇子上。与白经理对接后，我们即开赴盐湖。

雅布赖盐湖与中泉子芒硝湖属同一个盐湖盆地，整个资源保护区面积 160 平方公里，其中盐湖面积 22.6 平方公里，海拔 1 230 米，盐层平均厚度 2.71 米；中泉子硝湖可采面积 14 平

图3.3 雅布赖盐场

方公里。雅布赖盐湖开采历史悠久，元末明初就有相关记载。2005年2月，我们进行环腾格里沙漠考察时，在寒风中匆匆游览闻名于世的吉兰泰盐场，并在经过曼德拉苏木时向西遥望野兽脊梁般的雅布赖山。根据对骆驼客的采访，我们知道雅布赖盐场就在山脚底下，而且作为一个著名盐场，联结了草原丝绸之路与绿洲丝绸之路的许多地方。盐场现为内蒙古雅布赖盐化集团有限责任公司开发、管理，其前身是雅布赖盐池盐务所，1942年成立，先后隶属甘肃省盐务管理局、内蒙古自治区轻工厅盐务管理局、巴盟工业处、内蒙古自治区盐业公司、甘肃武威地区生产指挥部、武威地区工交局、内蒙古自治区轻工厅、中国盐业总公司等部门。2012年雅布赖盐化集团完成剥

离中盐产权交易,回归阿拉善盟。盐产品市场范围在陕、甘、宁、内蒙四省;硝化工及染料产品主要在湖北、浙江、江苏、天津、广东、福建、湖南等省区,还出口韩国、日本、东南亚及中东地区。通过现代交通,雅布赖的盐把海上丝绸之路沿途的国家、地区也联结起来了。

　　汽车沿盐湖边的道路进入盐场,路面坑坑洼洼,非常艰难。这是盐碱地的典型特征。竟然有两只野鸭在湖面上游弋,白经理说它们在找吃的"卤虫"。阳光裸露,盐湖泛着刺目光芒。天空时而有大朵云团排山倒海地飘移而过。灰色盐湖水波荡漾,天空云团和蓝天相间,远处是一带黄沙。有的盐湖盐分较浓,呈土黄色。湖边,雪白色成品盐堆积成巨大平台;它旁边还有一座堆积物,本来是白色,被风吹成了灰色。大家上到白色盐堆平坦的顶部,举目四望,但很快眼睛就被刺伤,泪流不止,睁不开。武威电视台的何编导是民勤人,他说了句很生动的话:"眼睛羞得很!"这简直是灵动传神的诗语!

张利强递过墨镜,我戴上才勉强微微睁开眼。我们又到另外一座盐山。大漠深处的云团也性情豪爽,大开大合,阴晴交替。白经理指着北边的一个山丘说,那是开发盐湖时揭开的沙盖堆积而成。凭高远望,一道道排列整齐的盐湖犹如盐田,层次分明,别具美感。

雅布赖山区有盐、芒硝、铁、铜、白云岩等矿产资源,盐湖里产盐,这与古代乃至史前文化必然产生联系。游牧民族的青铜文化或许得到这些资源的支撑。从石器时代到大工业时代似乎只是一瞬间。白经理说,雅布赖山里的牧民至今还用骆驼驮着自己晒制的盐出来换其他物品,这是游牧文化余绪。1998年,阿拉善右旗发现布布手印彩绘岩画和额勒森呼特勒手印彩绘岩画,2009 年 7 月,阿拉善右旗文物部门文物普查时在雅布赖镇呼都格嘎查境内陶乃高勒洞窟中发现手印岩画。洞窟距离地面约 20 米,洞口向南,洞内最宽约 6.8 米,高约 2 米,深度约 4.4 米。洞窟内石墙和顶部分布着 23 个褐红色和灰黑色的彩绘手印岩画、1 个褐红色彩绘符号,画面大部分保存较好,23 个手印岩画中能够辨认清楚的有 11 个左手手印和 6 个右手手印,其余 5 个模糊不清。离该洞窟正南方向约 60 米的河床两岸分布着直径 2 米至 8 米不等的 7 个石圈遗址,它们是否与洞窟手印岩画相关,有待进一步研究。陶乃高勒手印岩画对研究人类生活史、美术史、环境演变等都具有重要史料价值和科研价值。专业人员从作画风格、手形特征、手印颜色、作画方法等方面测量和比对后初步判定,陶乃高勒手印岩画与布布手印岩画、额勒森呼特勒手印岩画同属一个时期，但年代确定需要进一步论证；再往东，还有规模巨大的曼德拉苏木岩画。古道，古山，古岩画，古石器，都渗透着龙首山、雅布赖的铜和雅布赖及其他大小盐湖的盐。那些被盐和铜滋养的牧民后裔，现在流落何处？

云团褪去，正午阳光异常热烈。11:50，我们沿着从阿拉善左旗逶迤而来的S317线向西驰骋。沙漠草滩，空旷辽阔。龙首山的姿影远在天边。经过中国阿拉善沙漠世界地质公园，继续往西南，到阿拉善右旗巴丹吉林镇。

途中看到几群正在脱毛的骆驼和一个被晒成干尸的布谷鸟。我默默祈祷。

三 红寺湖汉长城

用过午餐，13:40，出城，与孙云分别。他返回金昌，我们要继续向西南挺进，穿越龙首山红寺湖山口前往张掖市。据高台县委宣传部副部长赵万钧介绍，那里有汉长城遗址。

云层如鱼鳞，在蓝天下翻卷，排列，激荡。荒滩消失的尽头，是龙首山。草并不茂盛，但广阔天宇间的云层令人大快朵颐。汽车驰骋一阵，龙首山逐渐清晰，近了，天然形成的山口也露出大概轮廓，不久，看到了"红寺湖"路牌。进入一带封闭型沟谷平原，有小绿洲遗世独立，忘乎所以。既没鸡鸣，也无犬吠。山谷越来越狭窄，地势逐渐生高，后来变成陡坡。眼前山上遥显一座烽火台。到红山对面的拐弯处，停车。山脊上石砌的长城遗址赫然可见。于是，大家沿山坡步行上山。翻过一座砂石山，穿过一段废弃的旧大路，上石山，就到了石头堆砌的汉长城跟前。因为地处高山，又很偏僻，这段长城基本没遭到过人为破坏。我登上高巍的墙体，向四周观望。北边，近处是颇为开阔的荒滩地，远处，苍茫大地上遥遥可见巴丹吉林镇。当年，这一带的游牧民族要进入河西走廊，都走红寺湖山口，直到汉武帝修筑长城，挡住他们。这段长城据险山而修筑，为使墙体坚固，当年的士兵给石头缝隙灌了砂土，墙体外还挖了壕堑，形成两道防御工事，与游牧民族对峙。墙体石头缝隙间长满梭草，有些石头表面长出美丽的金黄色石苔。一条小蜥蜴惊慌失措地寻找掩体躲藏。天空的云如狮如象如熊如龙。风萧萧吹，似乎战马嘶鸣。当年，不知道这里发生过多少惨烈的战争！

我沿长城内外来来回回走几趟，喘息时就打量对面山上孤立的烽火台。

这段长城在明朝时曾被修葺使用。历史如云，匆匆划过。故事如墙，倾覆坍塌。

张利强将车开到上段路等待。何编导也取了很多镜头。准备出发，从山谷里伸出的柏油路上驰过一辆摩托车。我大声问好。他微笑着停下。寒暄，他问清我们的身份，说他们已经成了习惯，看见陌生人都要仔细问，因为这里很少来人。他叫周应存，55岁，红寺湖大队一社农民，其家族已在此传了五代。他们主要种大麦、小麦。菜从县城购买。他刚刚到山里看羊群去了。我开玩笑说羊会不会被路人抓走？他自信地说我都抓不住，你们能抓住？

他说：走，到家里去！

我说很想去听你说这里的故事，可是，哪有时间啊！

穿越红寺湖山口没有耗去多少时间，但峡谷的凶险令人心悸魄动。出山口，可以尽情眺望河西走廊和胭脂山。

图3.4 红寺湖山口，汉长城

这里是山丹。上高速，走大约一小时，即到张掖。张掖与漠北交通，穿越龙首山的有两道山口，红寺湖山口和人祖口。考虑到拍摄照片，与徐晓霞委员商量好明早先考察人祖口，然后再谈项目合作事。

四 人祖口

30日晨六点多钟，徐晓霞委员推荐的向导、原张掖博物馆业务部主任孙红武来电话，说已到宾馆大厅。我们会合，吃了张掖名吃"搓鱼子"，即赶往人祖口。

人祖山口清代称"仁宗山口"，今称"人宗口""人祖口"、仁宗山口，位于张掖北人祖山断裂处，既是军事要隘，为兵家必争之地，又是丝绸之路北线之附线张包（张掖—包头）驼道隘口，中原的布匹、棉花、生铁、铁器和内蒙古地区的药材、食盐等物资从北京、呼和浩特，经今阿拉善盟、阿拉善右旗、平山湖，出人祖口运往张掖，又将张掖的驼毛、羊绒、良马、农作物等经人祖口运往内蒙古各地。人祖口得名有几种说法：一是因人祖爷而得名。民国《新修张掖县志》说"华人，古华胥国之民也。由帕米尔高原迁至张掖，原住址旧称'人祖山'，即今之人祖口。"《平山湖蒙古族乡志》记载，蒲克宝、乡政府干部卢祥林、蒋永新、郑兴让等在人祖口峡谷内巨石上见有马蹄印一处，长约尺余许，传说是人祖爷所留；二是因"人宗口"而得名。"人宗口"与"仁宗口"音同，清乾隆《甘州府志》载："仁宗山口，离城五十里，一作人祖山。其口两山忽断，大道中通，状如紫荆、居庸，北高而南卑，城东北。明巡抚杨博于口内建山南关，太监陈浩作叠水一丈四尺，又凿石井深一丈许。外有砚瓦、孤山、木架诸墩。""人祖口"系"人宗口"谐音。民国《新修张掖县志》显然参阅了《甘州府志》，记载内容有重合之处："人宗口，即人宗山口。其口两山忽断，大道中通，北高而南卑，北口之外如砚瓦、孤山、木架诸墩，及石井、山南关各重险，与城儿沟相为犄角，因高下以为峻防。北犯之寇，庶有戒心。沿山而东，则为观音山口。""人总口"得名乃是此山谷为甘州北通合黎山必经山口。合黎山通向北部山口共五处，唯此处最宽敞，能通车马，明朝以来历代政府在这一带遍置烽燧，设置官吏，名为五个口布政使，向过往商户收取赋税。其他四个山口无人驻守，此关口有人驻守，遂得名"人总口"。

孙红武却解释为平山湖丹霞地貌中有状如男根者，山谷因此得名。无论如何，史料记载、名称变化如此之多，也显示人祖口的重要性和使用频率之高。

汽车出城，过四善桥、新墩镇流泉村、黑河湿地，一路向北，经张靖（张掖—靖安乡）公路12公里半，向北行驶7公里，就到达人祖口。山坡上立着一块碑：《汉长城遗址》。回望张掖绿洲和祁连雪山，我们不由得吟诵罗家伦诗《咏五云楼》："绿荫丛外麦毵毵，竟见芦花水一湾。不望山顶祁连雪，错将张掖认江南。"

进入山谷不久，便到山南关和城儿沟城。山南关是张掖等进入平山湖地区的重要关隘，《明史·地理志》记载："东北有人祖山，山口有关，曰'山南关'，嘉靖二十七年置。"清顺治《重刊甘镇志》说山南关在明代前后修筑过两次：第一次是明嘉靖十三年（1534年）前后，由甘州镇将陈公浩主持，利用自然地形，作跌水一道，宽一丈四尺，高两丈二尺，形成断崖，以阻敌兵。嘉靖十五年（1536年），"虏骑"三万突袭，至跌水处，受阻而退；第二次是嘉靖二十七年（1548年），甘肃巡抚杨博在原跌水处督建修筑一座边长二十丈、高一丈七尺的正方形关城，北、东、西三面挖深壕，城内修营房，关门建悬楼，派兵戍守，成为防护甘州北部的重要军事据点。清末尚有戍兵缴巡。民国《新修张掖县志》载杨博《山南关记》说："甘州城北四十里，有人祖山，内通瓦窑、太平、草湖诸寨，外连砚瓦、孤山、木架墩。两峰夹峙，殆若紫荆、居庸然。骄虏每袭甘城，率多由此，盖要冲也""肇工于嘉靖二十七年四月十二日，迄工于是年六月十九日。关城高一丈七尺，四面凡二十丈有奇，城墩三面，凡三十丈有奇，城有悬楼，如矢如晕，颇为壮观。旧叠水九尺，通高二丈三尺，新叠水高一丈三尺，尾长八丈，斩城儿沟崖二丈。庙之左右，小屋各二楹，为戍兵栖止之所，关之北山绝顶，又作一墩，防虏乘高击之，且大书题诸关门曰：'山南关'，其他工之微者，不复具载。后之守斯土者，幸时加修浚，俾勿坏焉"。

史料记载的关城建筑荡然无存，唯有沟底细流（其上游叫宝音河，孙主任不知道此段的名字）呜呜咽咽，如泣如诉。曾经发生车祸的车体仍然在谷底。孙主任介绍，2009年5月28日，甘州区平山湖蒙古族乡干部到人祖山口峡谷山巅拍摄照片时发现一块石碑，文字基本完好，内容为明代万历元年（1573年）甘肃巡抚廖逢节陪同兵部左侍郎王遴巡视人祖山时作诗唱和。

题人祖山口赠春泉廖中丞直北大山

王　　遴

河西诸山此最尊，天生奇绝护中原。

蜿蜒势控三夷远，突兀雄联五岳蟠。

几见王师劳异域，独将灵秘报皇恩。

瞻依不尽东归去，引领时时向玉门。

用韵题人祖山赠谢王继津大司马

廖逢节

壁立中天表特尊，诸峰孙列峙平原。

峭峻西北华戎域，根带东南舆地盘。

气逼昆仑镇朔漠，功澄河海戴皇恩。

寻盟望断崆峒险，一片心长在蓟门。

立碑时间是明万历元年（1573年）三月十五日。王遴，字继津，明代直隶霸州（古北平）人，嘉靖进士，官至工、户、兵三部尚书，其人"峭直矜节概，不妄交"，但在人祖口与廖逢节作诗唱和，可见对人祖口的重视程度。明朝后期，长城大规模地重建与改线主要发生在甘肃镇防区内。隆庆五年（1571年）廖逢节主持数段重建工程：其一，西自甘州卫板桥堡（临泽县板桥镇），东自明沙堡（张掖西北60里）；其二，东至板桥堡，西达镇夷所（高台天城村）黑河东岸（正义峡）；其三，西起嘉峪关，东接镇夷所黑河西岸；其四，自山丹卫教场东接古城窟界碑（山丹县城东南100里）。工程重点是修复城垣，重挖堑壕，补砌排水道。王遴1573年巡视，正在廖逢节修复长城即将完工之时。

山坡上关城遗址尚存。从路边断崖爬上去，观瞻形势。此关城背靠陡山，面临深谷，明朝士兵凭借峡谷天险打退三万"虏骑"，并非难事。明、清时期，张掖境内设营管辖，城区及其北部为陈守营，平山湖地区归陈守营管辖，据点香沟堡等地有部队一百多人。民国时期，平山湖属张掖县。1943年前，张

图3.5　龙首山,人祖口,
烽火台(1)

图3.6 龙首山,人祖口,烽火台(2)

掖县政府派出五山口稽查使(人祖口，东山寺口，大、小盘道，烟墩口)驻人祖口，主要任务是委派平山湖头目，管理蒙古族及其税收、祭礼等事，稽查从内蒙古阿拉善右旗雅布赖盐场往张掖偷运食盐。稽查使治所在山南关南西崖上，今尚存土墙遗址。我们看到残墙院落最晚的行政功能应当是"稽查使治所"。很明显，当年是对明城堡的修复使用。

观察一阵，我们沿陡峭山路迤逦上到山顶，朝诣烽火台，远眺张掖绿洲和"山顶祁连雪"，也能从较高处俯瞰峡谷地带的形势。

孙红武与赵万钧等人参加过国家文物普查，对这一带地形非常熟悉。他滔滔不绝地说明朝筑烽火墩很多，可以分为两类：一是"兵墩司守望"，二为"田墩备清野"。甘州区境内烽火墩除平山湖蒙古族乡外多为田墩，兼兵墩之效外，平山湖境内的烽火墩多为兵墩，兼田墩功用，它同汉代峰燧长城一体，大体为南北纵向分布，东西横线照应的态势。纵向分布的第一线，由人祖口为起点向北依次为：人祖口一号城障，人祖口二号城障，人祖口西烽燧，人祖口东烽燧，砚瓦墩烽燧，孤山墩烽燧，平易一号烽燧，平易二号烽燧，大坂烽燧，小岩台烽燧(已毁)共十座；纵向分布的第二线，由观音山口(东山寺口)向北依次为：东山寺峰燧，东王圈烽燧，孤儿山烽燧，河沿墩(沿河)烽燧，大泉烽燧，平山湖烽燧，沙鸡窑洞烽燧共七座；纵向分布第三线，由烟墩口向北依次为：烟墩口烽燧，石井子烽燧(今阿拉善右旗阿朝苏木石井子)，转嘴烽燧(今阿拉善右旗阿朝苏木黑山嘴)；平山湖境内一座。横线照应烽燧，南部由西向东依次为：人祖口一、二号城障，东山寺、东王圈、烟墩口等烽燧；北部由西向东北依次为：大坂六角烽燧，小岩石烽燧。龙首山万峰峥嵘，河谷深邃，古代将士先是在交通、战略要地修筑障、塞、亭、燧，又连接成为长城，历代或重修，或直接利用。在当时通讯设备落后情况下，烽火墩与长城一道，组成强大而周密的通讯、防御网络。

我们的车停泊在路边，引起路过民警注意，喊问。我们解释后，他们继续上路。

上山难，下山也不容易。费很大周折才回到路上。我们一边前进，一边在孙红武指点下认识头道闸、二道闸和屹立在各处山头上的烽火台。最后，遥望平易一号、二号烽燧，返回时，决定到似乎近在咫尺的孤山墩踏勘。越过几近干涸的宝音河，爬上一座不算高的砂石山，就看见了矗立在悬崖边的墩台遗址及围墙。孤山墩由石块堆砌而成，夯以砂土，保存基本完好，石头围墙也忠心耿耿地执行护卫使命，任性侠义，仿佛对日月风沙的侵袭毫不在意。不过，自然规律不以任何人的意志为转移，墩台、围墙、坍塌的状态、周边沧桑地表、遍体鳞伤的山体等等，都传达着无法言表的忧伤。

墩台下捡到青花瓷片、黑瓷片、白瓷片、瓦片和汉陶。张利强还捡到半枚生锈铜钱，我们推测应是汉朝钱币。一只鹰在高空盘旋，姿态优美。我们打算等它飞临时拍照，谁知那酷小子借风力扶摇而上，消失在云端。

离开孤山墩，返回张掖市。路上，孙红武讲了很多与赵万钧等人参加国家文物普查时的趣事，真实而自然。例如，有次考察时遭到当地土蜂袭击，孙红武全身遭蛰十八处，重伤；还有一次，遇到暴雨，衣服湿透，他们更衣时拍了裸照，留作纪念。还有与蒙古牧民交往中的真实故事。诸如此类，等等。我想，汉朝、明朝士兵实际上也是野外生存，逢年过节肯定也将平淡日子经营得红红火火，有滋有味。春节，清明，端午，中秋，遇到这些重大节日，他们岂能无动于衷？

五 永昌圣容寺、大泉岩画

上午后半段时间,我和张掖市政协委员徐晓霞、旅游局丁局长商谈出版文化图书事,基本确定补充内容和拟在 7 月联合举办一次考察事。下午,赶往永昌县。途中随处可见荒滩中、农家院中敦实的烽火台。经过山丹长城,有四架直升机编队飞过荒原、长城。

与徐永盛、陈学仕等会合,参观位于永昌县东街阁老府院内的博物馆。疑为明朝"东会馆"旧址。据介绍,永昌县博物馆馆藏文物近 2 000 件,县级以上文物保护单位46处,国家级文物保护单位有永昌钟鼓楼、汉明长城及沿线城障、烽燧。

永昌县处于河西走廊东部、祁连山北麓、阿拉善台地南缘,境内发现鸳鸯池、毛卜喇、水磨关、二坝、九坝、乱墩子滩、月亮山、九个井等20多处新石器文化遗址。博物馆展出文物多出自这些地方。有件东寨镇出土的玉凿极似齐家玉器。讲解员赵文静说库房中还有些类似玉器。如果能确证,那么,齐家文化的辐射范围就向西推进了50公里。鸳鸯池遗址出土的马厂时期彩陶也很有特色。铜刀、鹰首铜饰、铜截指、铜镜、铜马、陶人、陶马、陶灶、"汉归义羌长"铜印等历代文物勾画出西大河、东大河流域游牧文化与农耕文化交流、过渡、交替的痕迹。

最负盛名的还有瑞祥佛头。据佛籍记载,东晋十六国时期至北魏时期,文成郡(今山西吉县)稽胡族高僧刘萨诃(360—436年)30岁时出家,法名释慧达。刘萨诃在家乡和江南各地学法宣教20多年,到河西弘扬佛法。刘萨诃预言准确,江南、河西等地有关他的佛迹活动与传说很多,他不仅被神化为观音菩萨假形化俗,也与佛祖释迦牟尼比肩,被尊为刘师佛、刘大菩萨、佛教第二十二代尊师。435年,刘萨诃第二次西去印度观佛迹。行至凉州番和县(今永昌县城西20里水磨关一带),北望御谷山说:"此山有奇灵祥光,将来会有宝像出现。宝像出现时,如残缺,预示着天下离乱,黎民饥馑;如宝像肢首俱全,预示着天下太平,民生安乐。"之后率弟子继续西行,行至肃州(酒泉)西七里涧,无病而逝,骨头立时化为葵籽大小碎块,当地佛僧认为是显圣成佛象征,遂修骨塔和寺院纪念刘萨诃。520年,凉州番禾郡忽然大风骤起,雷电交加,御谷山崩裂,绝崖石壁间现出一尊无头石佛瑞像。此后40年,天灾人祸连连发生,应验刘萨诃预言。557年,距御谷山200里的武威城东七里涧,夜现祥光,呈现一尊石佛像头,百姓迎送到御谷山,佛首"相去数尺,飞而暗合,无复差殊",从此天下太平,人民安居乐业。北周皇帝宇文邕得知,派遣宇文俭亲往察验,并于561年下旨,调集凉州、甘州、肃州三州力役三千人造寺,三年乃成,寺分三处,初有僧人七十人,敕赐寺额为"瑞像寺"。572年,一天夜间,瑞像佛首自行落地。皇帝派大冢宰和齐王亲临验察,举行仪式重新安放,但白天安好,夜晚脱落,反复十余次。时过不久,到建德三年,武帝焚寺灭法,天下寺院遭到焚烧,瑞像寺遭到被焚厄运。隋朝建立,隋文帝提倡佛法,瑞像寺得以重建,瑞像身首复合一体。609年,隋炀帝西巡河西,亲临拜谒瑞像,改名感通寺,下旨扩建增修寺院,敕令天下摹写石佛瑞像供奉。唐朝,636年,感通寺像山出现凤鸟蔽日祥兆,太宗派使供养。644年,玄奘法师从天竺取经归途中,歇住感通寺,向僧众讲到天竺国某寺原本有两尊佛像,后来其中一尊不知去向。玄奘推测御谷山石佛瑞像正是天竺失踪之佛。唐

图3.7 永昌圣容寺

中宗时（公元684—710年），多次派霍嗣光等到寺敬物，朝廷敕令在寺后像山顶上和寺前隔河半山腰间修建大小佛塔各一座。兵部尚书郭元振任安西都护，途经感通寺，曾拜诣瑞祥，并画录瑞像，早晚膜拜。中唐，吐蕃攻陷凉州。据莫高窟壁画和文献记载，感通寺在吐蕃改称为圣容寺。西夏统治期间，圣容寺佛事活动依然兴旺。其后，逐渐衰落。

瞻仰完佛首，我们立即驱车前往圣容寺。圣容寺，全称"御山峡圣容寺"，在永昌县城北10公里处属于龙首山脉的御山峡西端。圣容寺是我国为数不多保存较为完好的千年古寺之一，敦煌莫高窟231窟现存一幅圣容瑞像壁画，题款"盘和都督府御谷山番禾县北圣容瑞像"，还有一幅圣僧壁画，题款"圣者刘萨诃和尚"讲圣容寺雕像及寺院。另外，莫高窟还有72窟《五凉僧众轿请佛首的传说》和61窟《传说番禾县猎师李师仁入山射鹿》两幅壁画。藏经洞文书《刘萨诃和尚》(S5663)、《刘萨诃因缘记》(P3570)分别被斯坦因、伯希和所得，现存英国、法国。

圣容寺址附近有圣容寺唐塔、汉明长城及沿线烽燧、西夏六体文石刻、圣容寺瑞像石佛(身)、元高昌王墓、元花大门石刻等。我们途中经过了金川水库附近的明长城遗址、花大门石刻，不久就看到了高耸于山巅的唐代佛塔。

周末，游人较多。古址处，正在大兴土木，修建佛殿。我们瞻仰西夏六体文石刻。这是元代刻写在河岸边石崖上的六字真言，有八思巴文、回鹘文、西夏文、汉文、梵文、藏文。接着，即登临像山，拜诣唐塔(大塔)，它与对面山上的小塔为现存保护最好的唐塔。两塔均为砖塔结构，七级，中空。大塔高16.2米，内原有木梯通上，内壁有笔画和文字题记，现已不存；小塔通高4.9米，造型与大塔一致。经历千余年，两塔隔溪相望，威仪不减。

汉明长城贯穿御山峡谷，向西绵延至永昌县与山丹县交界处的绣花庙。从像山西望，是较为开阔的毛不喇草滩及附近山上的两座烽火台；东望，是逶迤连绵山岭。圣容寺静卧在御谷山中段的一处幽静小盆地上，得日月浩光滋养，聚东来西往脉气，真是灵地！

宋人李复有诗赞颂：

> 应感虽无地，栖真自有缘。
> 宝坊开泗水，香露散秦川。
> 草乱遗庵废，珠明旧相圆。
> 丰碑传异事，细字刻诚悬。

图3.8　永昌岩画，石花

接下来，我们要考察红山窑乡毛不喇大泉岩画。《甘肃日报》主编室主任张临军的家乡在白银市平川区共和乡毛不拉（喇）村，据他了解，甘肃有三处以毛不喇命名的地方，即平川、永昌和酒泉。毛不喇蒙古语意为"湿地"。陈学仕说有专家翻译为"苦涩的泉水"。打电话请教才吾加甫，其时（2015年7月7日上午11:56）他正在天山玩，说毛不喇意为"心坏了，坏死了"，蒙古人通常不说。据此，我怀疑是不是当年人们取名时带有某种蔑称，用法与历史上的蛮、夷之类相似？待细考。

长城在御山峡谷中的毛不喇滩穿行。南北两边都是龙首山。禾苗青青，绿草萋萋。我们穿过红山窑乡毛卜喇村大片空阔古滩，到金川河源头的大泉水库。陈学仕的亲戚尚乐带路，翻山越岭，走过一段异常艰难的路，终于看见书有"大泉岩画"的石碑。天色向晚，我们担心光线变暗，匆匆缘山寻找。石头平面规整者随处可见，却看不到一幅岩画。金黄色的石苔倒是灿烂生动。尚乐连续打几个电话问当地人，说就在这里。于是，我们像岩羊那样在石头层次间创造道路，上山。张利强首先发现一幅岩画，内容为骑射、游牧。还有一幅，画面东边是一位骑士和一位步行人射猎，西边是四位身材窈窕的妇女跳舞。继续攀登，上到峰顶，回顾山下河谷，一行人如同贴近地面前进。河谷中有泛着亮光的细流，那是金川河上游。居高临下，可以观察地形，旁边还有一条平坦道路，徐永盛从那边上来。返回时，又发现几幅岩画，模糊不清。大泉岩画石质松软，不及雕凿曼德拉岩画的玄武岩。

太阳落山，凉气与夜色一同袭来。大家拖着疲惫的身子直接从毛不喇村穿越龙首山，进入河西走廊，向西经水磨关抵达永昌县城。晚上，吃到了正宗的毛不喇羊肉、炒麦子、青稞搓鱼子等等地方特色食品。

我学到的永昌、民勤话是"眼睛羞得不行。"想一想，生动传神。

著名学者张德芳先生是永昌人，他性情似蓝天，胸怀如草原，让人尊敬。

六　乌鞘岭　汉长城

31日晨，返回兰州。与徐永盛约定在古浪告诉出口会合，然后沿G312国道最早的路线翻越乌鞘岭，考察汉长城。

我们先到古浪河边一片草地。牛鼻子草，马莲，还有一种不知名的大耳草，很精神。

途经曾经繁华的安远小镇。

安远镇与乌鞘岭东坡下的武胜驿一样，道路与街道边建筑古旧落寞，过去车水马龙、南腔北调交织的热闹景象若隐若现。G312国道新路、高速路修通前，这条翻越乌鞘岭的道路是兰新公路上非常著名的地段。改道后，武胜驿、安远随之败落，恢复到若干年前的宁静状态。

已近六月，乌鞘岭农民的土地里豆苗才发芽，此时，河西走廊庄稼正在茂盛成长，陕西关中的麦子也快要收割。缘山而上，终于看到乌鞘岭西坡的汉长城。有一段修建G312国道时削去。还有一条长城在山腰间飞舞。我们弃车上山，到城墙处观望。汉长城依然厚实高大，两边壕堑也还是那么幽深。草很浅，勉强遮盖地表；唯有马莲花长得很攒劲。还有一些野草莓之类花朵，开得羞涩，让人心疼，黯然神伤。

南边山坡上，白牦牛和黑牦牛悠闲吃草。因为距离远，我和永盛为它们是牛还是羊争论半天，最后确定是牦牛。

藏族小伙贡布茨仁与母亲吆喝着将一群白牦牛赶到长城外侧的牛圈。牦牛从山沟底长城垮塌处越过，美不可言，可惜手机拍摄不出效果。

　　我们上到乌鞘岭气象站，就看到乌鞘岭东坡的汉长城。

　　在此处，居高临下，远眺南边的马牙雪山，更能感受到乌鞘岭"地扼东西孔道，势控河西咽喉"的地理特征。汉武帝元狩二年（公元前121年）春，霍去病发动祁连山之战，打败匈奴，夺取河西走廊，修筑由令居（今永登）至敦煌的长城和烽燧。乌鞘岭汉长城大约就是那次修筑的。现存乌鞘岭汉长城呈东南—西北走向，自马牙雪山北麓跨过金强河后，在G312国道北侧，顺着山势，蜿蜒起伏，横越乌鞘岭，经安远镇进入古浪县，长约15公里。长城在乌鞘岭上筑有并行两条，相间约40余米。夯土版筑，残高2～6米，烽台高大，间有残缺之垛口，雄伟壮观。长城两侧山巅上还筑有高大烽燧，望之岿然。

图3.9　乌鞘岭,烽火台,马牙雪山(1)

图3.10　乌鞘岭,烽火台,马牙雪山(2)

　　2010年,天祝县文联主席、诗人仁谦才华陪同我考察过,当时匆匆而过。古道无处不沧桑。就是这段路,去年七月玉帛之路考察时没找到,擦肩而过。现在,天空飘起细雨,更多更浓的云还在酝酿。冷风飕飕。行至半山坡,泊车路边,我和徐永盛爬到路南山上的烽火台边。烽火台部分坍塌,鸟以昔时木椽留下的窝眼为巢,看见有客造访,羞怯地躲在墩顶观望。我想拍照,它们惊叫着飞走。墩体上还镶嵌着一块很大的墨绿色祁连玉。登上墩台,向北俯瞰。有两道分别从沟底、山腰经过，两座烽火台分布在沟底和对面山巅。金强河谷以南山脊上，也飞舞着一道长城。

已经快到一点。与徐永盛商量，先到打柴沟用午餐，然后回来考察北部山巅的烽火台。那里是制高点，应该能俯瞰到很远、很宏阔的周边环境。于是行动。汽车穿过高速路涵洞，沿G312国道故道到打柴沟，吃碗面。返回时考察了路边的一座烽火台，然后回到长城密集处。下起大雨。我和永盛撑着伞，越过一道深沟，其间有很多墨绿色石头，与烽墩间镶嵌的完全一致。接着，翻越高巍的长城残体，开始沿着缓慢的山坡向遥远山巅上的烽火台前进。羊群在远处吃草。抬头警惕地打量一阵来人，转向山坡下。我们慢慢前行。风猛雨大，每走一段路，都要休息。这时，伫立山坡，回望沙沟中的长城和烽火台，以及更远处的马牙雪山、金强河谷以及抓秀喜龙草原，感觉天地真空阔。

汉代安门古城依岭边地形而建，东西长130米，南北宽100米，城门向南，现存残墙已成为两米高土埂。安门古城紧靠汉长城边，向西过河就是金强驿。汉代，这一带长城之外居住着羌族，此城是守护长城军队所设住所；历史上东西往来商旅征夫游子使者，均在这里交验文书。我们越过安门古城残墙，大约一小时后，终于到达烽火台下。围墙，烽墩，石块，草垛，石苔，如同不完整的歌句，哽哽咽咽，叙说峥嵘岁月中沧桑故事。环顾四周，是无尽的山峰和辽远的河谷。北望乌鞘岭山岭，目光被云天阻断。2005年2月，我们环绕腾格里沙漠画了一个圈圈；5月底，又围绕龙首山画了一个圈；即将进行的草原玉石之路考察，又将在更大的空间，将围绕腾格里沙漠、巴丹吉林沙漠、龙首山、合黎山、马鬃山局部画出一个更大的圆圈。文化生态就在这些环环相扣、层层叠加的文化圈中互动，生成，发展,沉淀,再生……

　　乌鞘岭是历代王朝经营河西的屏障,岭南安门村和岭北安远镇历来是戍兵扼守、"两面相御"的营地。许多历史名人途经乌鞘岭,都留下了诗篇文字。祁韵士于1805年盛夏过乌鞘岭时记道:"度乌梢岭,峻甚,地气极寒。"林则徐在《荷戈纪程》中说:"八月十二日,……又五里乌梢岭,岭不甚峻,惟其地气甚寒。西面山外之山,即雪山也。是日度岭,虽穿皮衣,却不甚(胜)寒。"冯竣光《西行日记》说:"光绪三年(1877年),八月二十一日,二十二里镇羌驿尖。忽阴云四起,飞雪数点,拥裘御酒,体犹寒悚。以经纬度测之,此处平地高与六盘山顶等,秋行冬令,地气然也。饭毕五里水泉墩。又五里登乌梢岭,岭为往来孔道,平旷易登陟。十里至山巅。"明代各行都司中,只有陕西行都司曾编修志书《陕西行都司志》(简称《行都司志》),为诸多传世文献著录或引述,其中有对乌鞘岭的记载:"岭北接古浪界,长二十里,盛夏风起,飞雪弥漫。今山上有土屋数椽。极目群山,迤逦相接,直趋关外。岭端积雪皓皓夺目,极西有大山特起,高耸天际,疑即雪山矣。五里下岭,十五里安远,有堡城,地居万山中,通一线之路。"

　　清代杨惟昶诗曰:

万山环绕独居崇,
俯视岩岩拟岱嵩。
蜀道如天应逊险,
匡庐入汉未称雄。
雷霆伏地鸣幽籁,
星斗悬崖御大空。

回首更疑天路近，

恍然身在白云中。

　　下山时，雨过天晴。回到车旁，已经三点多。上午下午，抛去中午用餐时间，考察乌鞘岭汉长城总共花去4个多小时。有风，有雨，有阴，有晴。

　　从安门上高速返回兰州时，车过华藏寺，一路豪雨，直到西固高速路出口。

　　到安宁科教城，北边黑云才往这边聚合，要准备下雨。

2015年6月7日16:09完成初稿。

2016年7月18日定稿。

第四部分

草原玉石之路
考察手记

2015年6月8日清晨,"草原玉石之路考察团"团员每人吃个"牛大",即匆匆上路,开始寻访齐家玉的考察之旅。

本次考察,年龄最大的是刘炘先生,68岁,资深电视艺术家,出版过多部文化考察专著。他热衷田野考察,状态很好,以至于年轻人想不起来照顾他。

叶舒宪教授、易华研究员近年来在学术探索中结下很深友谊。他们高屋建瓴,吃苦耐劳,考察中常常凌晨三、四点就起床,交流,写稿子。

包红梅是蒙古族,人类学博士后。她深感大西北民风淳朴,赞不绝口,但对黄土高坡上生长的浅草不甚满意,戏谑说那叫颜色,不叫绿色。我说它们已经很尽心了。

中央电视台摄影师梁小光是多尔衮后裔。他曾在内蒙古山区拍片子,以土豆为主食,连续几个月,乐此不疲。他的敬业精神与戈壁荒原中的胡杨、红柳、骆驼蓬之类植物相比,丝毫不逊色。

图4.1

人民画报社摄影记者秦斌单纯开朗，首次见面，大家没说半句客套话，好像是老朋友。

上海交大博士生丁哲少年老成，生动活泼，既有学者的严谨敬业，也有年轻人的朝气蓬勃。

金琼是中国甘肃网记者，毕业于中国传媒大学。车上，大家七嘴八舌讨论，她默默记录，写稿子。用餐等待上菜间隙，采访叶舒宪老师。这是非常好的状态，点赞！

小牟为考察团驾车，憨态可掬，得空也凑过去看文物，说"开了眼界"。

考察团成员来自中国社科院、上海交大、中央电视台、人民画报社、内蒙古社会科学院、中国甘肃网、《丝绸之路》杂志社等单位，可以说是来自"五湖四海"，是玉文化把大家联结到一起。在玉文化精神感召下，一丝不苟，其乐融融，开展各项考察工作。

⊖ 会宁玉璋王

6月8日上午10点多到达位于红军会宁会师旧址东北角的博物馆。本来周一闭馆，会宁县委宣传部常务副部长郭志辉、会宁博物馆马可房馆长等热情接待，有幸零距离接触54公分长的齐家文化大玉璋，兴奋不已。4月底，我们曾在临夏州博物馆观摩过一件玉璋，没想到这么快就在会宁看到令人震撼的玉璋王。人与人相遇相知需要缘分，人与地方、山水、名物相遇也一样。对玉，尤其如此。

给我们展示大玉璋的工作人员始终谨小慎微，表情肃穆，增加了这件珍宝的神圣感。

会宁泉坪出土的猛犸象化石骨架同样具有王者之气。

考察团首次合影在会宁博物馆前,打开旗子,大家齐声喊:旗开得胜。

离开会宁,前往隆德的路上,讨论的主题都是玉璋。

当晚隆德停电,叶舒宪先生次日凌晨3点起床,写出《会宁玉璋王:养在深闺人未识》,中国甘肃网很快发出来。

玉璋出土地在家堡镇牛门洞村,距县城70多公里。牛门洞新石器时代遗址是会宁县文化遗存分布较为密集的新石器时代特大型遗址,也是甘肃彩陶出现最早、发展时间最长、类型最丰富的地区之一,位于会宁县城西北头寨子镇牛门洞村周围牛门洞、大地梁、东山梁、灰条梁、清明湾、中湾顶、铁木山顶、圈儿、阴山一带,东接汉岔乡阴山村,南、西面接定西县石峡湾乡,北临宜兰公路(309国道),接铁木山,总面积约40平方公里。文化层厚1～2米,遗址显示有墓葬、地穴、灰坑、烧土、炭屑、白灰面、骨类、陶器、石器、玉器等。1920年当地秦安移民垦荒时首次出土彩陶罐。按照国际惯例先发现先命名的命名法则,本应将这一时期新石器文化命名为牛门洞文化;因交通、信息

图4.2 会宁博物馆观摩玉璋王

闭塞，四年后，1924年安特生及其助手在临洮马家窑发现新石器时代彩陶，从而获得命名权。1975年，大搞农田基本建设，相继出土彩陶壶、瓮、罐、钵、盆、细颈侈口蓝纹红陶罐、高颈蓝纹双耳罐、高颈蓝纹瓶、灰陶盆、红陶鬲及及骨球、石器、刮削器、纺轮等随葬品，并在生活区出土大量陶器、制罐工具、生活用具、石祖、石、权杖头等。其中一部分为甘肃仰韶文化马家窑类型、半山类型和齐家文化类型；另外，还有数量较多、制作精美的灰陶缸、陶罐、陶灶、陶井、瓷碗等汉、宋、明、清代文物。

6月26日与西北师范大学机关党委书记柴繁隆专程沿国道309故道前往位于铁木山北麓的牛门洞新石器文化遗址考察。山根、山间、山梁、山峁、山洼、山沟等地，都是绿色。间有蓝色的胡麻花和紫色的苜蓿花。这两种植物都来自西域，它们的传播路线、初期种植给先民带来的喜悦感，似乎还洋溢在沟沟岔岔里。头顶骄阳，面对漫山绿意，倒也不觉燥热。到山地顶部，地势趋于平坦。实际上是多条山沟集结成的一座巨大平台，其中心，就是牛门洞村。地形与广河、临洮乃至石峁遗址都相类似。石峁遗址三面环沟，在陕西省榆林市神木县高家堡镇秃尾河支流洞川沟内石峁村两侧山梁上；广河县邻近广通河，齐家坪邻近洮河。牛门洞台地邻近关川河。打电话给会宁博物馆馆长马可房，落实，确定无误。登临村子背靠的、长满苜蓿的开阔台地，心旷神怡。我进入苜蓿地，游荡。苜蓿地中留有一方两三米高的土台，似有灰层。我从旁边"马道"似的窄坡上去，放眼四周，宏伟壮观，气魄极大，与想象中的牛门洞大相径庭。整齐的层层梯田中，庄稼茂盛生长，寂寞而优雅。有大小田畦构成的丰美景象连绵延伸，顺着坡地、沟底向四处延伸。我们所在台地是辐辏中心，天然王都！根据玉璋推测，这里应该是齐家时期重要王国，中心就在牛门洞，关川河流域及其两岸台地,或许在其势力范围之类。

　　宁夏文化厅文物保护中心主任马建军研究员编著的《二十世纪固原文物考古:发现与研究》一书指出:"菜园文化是一支农牧并重、崇尚简朴、兴盛蓝纹素陶的土著文化,以清水河、泾河上游为分中心,是从当地远古文化中发展成熟,又从中孕育出齐家文化的主体,应当是齐家文化的直系前身。"(第14页)。如果将来的考古、研究能够支持此说,那么,齐家文化在西海固发育后,主要向东、西、南三个方向延伸;向东到石峁文化;向南翻越六盘山到彭阳、隆德、庄浪等地;向西发展的重要一站应在铁木山。

　　此前,外界对会宁的印象只是环境艰苦,近些年又提红色旅游,而这种壮观大气的雄浑景观被遮蔽了。诗人、画家、作家到此采风,定能激发灵感。

二　六盘山,西海固

　　6月8日下午,过静宁县,进入宁夏,经过毛湾、神林、沙塘,考察宁夏隆德县沙塘乡渝河北岸北塬新石器文化遗址,然后参观隆德县文管所藏品。大家一边隔着玻璃反复研究碧玉铲、石琮、石祖、玉琮、大玉璧等珍贵文物及代表草原文化的铜质车马配件、饰物,一边请教刘世友所长,收获很多。因他描述,我对养育隆德史前文化的四条河流产生浓厚兴趣。我曾策划名为"新《山海经》书写"的调查活动,招聘作者对每一条河、一座山的地理环境、来龙去脉、流向走势、古今变化、文化生态等等进行扎实调查、书写,先在杂志发表,然后结集出版。

　　6月9日早晨,六盘山下大车堵成长龙。刘所长决定带我们绕道好水乡去固原。途经倪套村，偶遇一处文化遗址，遍地瓦片。根据筒瓦残片推测，应为西夏遗址。

顺路考察战国时期遗址北联池和伏羲崖。之后，与刘所长分别。相聚时间不长，分别时却难分难舍。淳朴的民风，如同儿时歌谣，令人欣慰。

穿出六盘山，遥见苍茫固原。固原地处黄土高原上六盘山北麓清水河畔，古称大原、高平、萧关、原州，简称"固"，公元前114年建城，自古为交通要道、兵家必争之地"左控五原，右带兰会，黄流绕北，崆峒阻南，据八郡之肩背，绾三镇之要膂"。沿途能感受到"回中道路险，萧关烽堠多"的地理风貌特征。

12点，到达固原博物馆。馆长魏瑾正在等候。固原博物馆修建于1988年，至今仍然大气磅礴，不过时。博物馆分《固原古代文明》《丝绸之路在固原》《古墓馆》《石刻馆》和钟亭五个专题陈列，我们就按照这个顺序参观。古代文明展馆里以6 000年前的海贝、石器揭开序幕。石器中比较有特色的是石磨盘、石磨棒等，骨器中有大约5 000年前的卜骨和作为农具使用的鹿角器。最为闪光的是齐家玉器。一件由璞玉简单加工成的玉磬表明古代先民4 000年前就非常重视礼乐。还有玉璧、玉琮、玉铲、玉斧等礼器、仪仗器、佩带器、丧葬器等，无不昭示着那个时代玉文化的兴盛。

固原博物馆以文物等级陈列，因此在文物时代上客观具备穿越感、跳跃感。文物展品以北朝至隋唐时期为最兴盛。还有草原文化的青铜器、石、铜佛造像、萨珊银币、罗马金币、鎏金铜佛、玉菩萨、房屋模型、彩绘陶俑、陶牛车、北魏漆棺画、凸钉玻璃碗、金戒指、环首铁刀、鎏金银壶等文物，无不闪耀着中西文化交流的奇光异彩。《丝绸之路在固原》专题展的内容很丰富，我尤其对丝绸之路各条线路感兴趣，结合出土文物和地图，仔细琢磨。

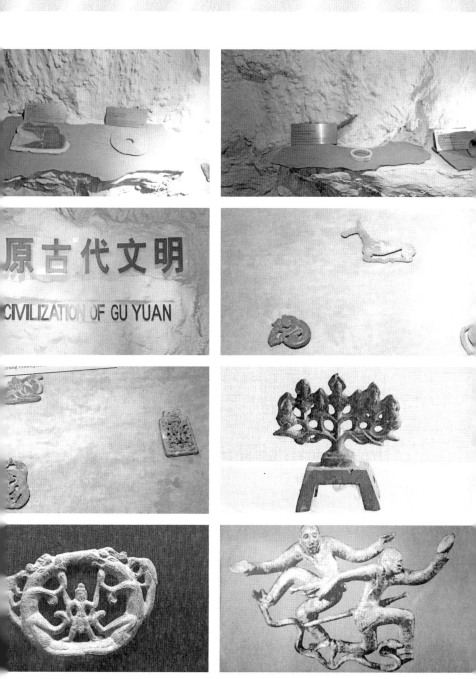

图4.3 草原文化与农耕文化的十字路口：固原古代文明

参观完,大家已经饿得无力说话,每人吃碗新疆拌面,即启程前往彭阳。固原农耕文化博物馆藏有几件玉器,时间紧,临时取消参观。汽车沿省道309线故道翻越名为"破脊梁"的山岭。正在修路,尘土飞扬,颠簸难行。

到县文管所简陋仓库里看到不久前出土的玉璧、玉琮及龙山时期的陶器时,旅途劳顿一扫空。尘土飞扬,雷雨交加。

所长杨宁国谦虚、朴实,印象深刻。

这两天考察,开局非常好。齐家玉文化的传播路线逐渐清晰起来。

傍晚返回固原,与陕师大校友武淑莲教授及宁夏师范学院的博士、教授们座谈。

6月10日晨,考察团团长叶舒宪先生向局地考察团员、中国文学人类学研究会甘肃分会平川工作基地主任王承栋授牌。8点出发,前往西吉。出城不久,翻越六盘山余脉,云低、雾大,风冷。沿途偏城、唐套沟大桥、军运沟等地名似乎蕴含昔日战场杀气,或与古代文化遗址相连,悠远深邃。时间仓促,只能擦肩而过。

西吉钱币博物馆馆长摆小龙与他的同事苏正喜等热情接待。大家很快就进入参观程序。一件刻有凤鸟图案的玉琮摆在显眼位置。大家仔细研赏,花很多时间。玉琮是苏正喜1984年用一袋尿素征自民间,此前被百姓作为榔头使用。

它成为以后路途中反复交谈的主题:这个图案刻于何时?有何蕴意?

11:20,从西吉出发,翻越月亮山、南华山,到海原。重点考察菜园文化。菜园文化是宁夏考古所徐诚先生命名的,有学者认为是齐家文化发源地之一。6月9日,结束西海固寻玉之行。下午大风,沙尘猛袭,没能看成遗址。山门村出的两件玉器也因外调展出而只能看见它们曾在海原文管所摆放的位置。标签在场,玉不在场。

晤谈地方学者后,16:40,王承栋返回平川,大部队沿灵州道大致路线北上,疾行4小时,20:30到达银川。贺兰山壮丽火烧云与环城高速路边水域互映,大美,大快。中国甘肃网张振宇总编乘火车自兰州而来,与考察团会合。

简餐后,与来访的宁夏学者马建军、薛正昌及诗人张涛等座谈到11点半。他们提供的新信息消除了旅途疲惫。

遗憾与激奋伴生,何等滋味?

三 条条道路通草原

习惯上,谈起丝绸之路都从"张骞凿空"开始。其实在这之前,东西交通大道逐步推进。秦始皇修筑咸阳到六盘山腹地泾水流域的"驰道",联系北地郡与陇西郡。汉武帝时期设置"安定郡"(固原),开通连接黄河以南清水河谷通道与北方草原的"回中道",又在秦朝焉氏塞基础上衍生出汉代萧关古道(丝绸之路东段北道)。其走向大致有两条:一是出长安,沿汧河、泾水过三关口,经固原、海原,在甘肃靖远县北渡黄河;二是出三关口,翻越六盘山,沿祖厉河北上,在靖远县附近渡黄河。两条道都经景泰直抵河西走廊。

历史上的丝绸之路在社会安定时基本走长安—凉州一线,有战乱则绕道草原路。根据最新研究成果,草原玉石(丝绸)之路更早,至迟大约在夏朝时期就开通。目前,这项研究还在进行中。草原玉石(丝绸)之路、绿洲丝绸之路这两条大动脉或共同或交替发挥作用,保证了东西交通的进行。

连接草原玉石（丝绸）之路与绿洲丝绸之路的主要古道就是回鹘道、灵州道。

从固原出发，沿清水河而下，就是史书上经常提到的"灵州道"。2015年6月11日，考察团绕道西吉、海原，到同心，才正式走入这条古道。

《后汉书·郡国志》北地郡记载为"灵州"，为东汉北地郡所辖六县之一，据此推测，东汉时已改灵洲为灵州。647年，唐太宗平薛延陀国，漠北铁勒诸部尊太宗为"天可汗""天至尊"，请求在回鹘（铁勒诸部之一）以南、突厥以北开"参天至尊道""天可汗道"，其走向大致沿秦直道经天德军到回鹘牙帐（唐安北都护府，今蒙古国和林），然后至伊州、高昌，通往西域。全程设置68个驿站，备有马匹、酒肉、食品。历史文献提到的回鹘道、回鹘路也大致是这种走法。848年，沙州豪族张议潮率众收复沙瓜二州，遣使循回鹘旧路经灵州到达长安。于是，以灵州为中心、连接西域与中原的交通与贸易之路——灵州道开通，P.3451《张淮深变文》有赞即颂此事：

河西沦落百余年，路阻萧关雁信稀。赖得将军开旧路，一振雄名天下知。

初离魏阙烟霞静，渐过萧关碛路平。盖为远衔天子命，星驰犹恋陇山青。

由于历史变迁，古灵州确切地理位置始终是我国考古学界和史学界未解之谜。诸多研究成果和考古证据客观上透露出这样几条信息：其一，中卫、吴忠、灵武一带的黄河绿洲适合耕种，具备设置州城的条件；其二，黄河水流平稳，多处地段适合建造大型渡口；其三，从最早取名来看，这里经常发生水患。

沿清水河南下、北上的萧关道必从古灵州渡黄河。按照常理，若经景泰往河西，就在中卫段渡河；若走回鹘道、灵州道，则可以在中卫段渡河，也可以在吴忠或灵武合适地段渡河。总之，渡口可能不止一处。

晚唐五代、宋初的灵州道不仅包括经灵州西行的道路，还包括经灵州到长安、洛阳、开封的路线。根据敦煌文书及其他文献资料，灵州道大致轮廓为：由开封西行，经洛阳至西京长安，北上邠州，循马岭河而上，经庆州、环州至灵州，渡黄河，出贺兰山口西行穿腾格里沙漠，溯白亭河（今石羊河）南下至民勤、凉州；或穿越巴丹吉林沙漠到居延绿洲，溯额济纳河（黑河）南下张掖绿洲，然后循河西旧路历肃、瓜、沙而达西域。归义军曹议金、曹元忠时期，这条路线畅通无阻。这是灵州道的两条主干道。另有经河西走廊连接印度和五台山两大佛教中心的道路，即从沙州出发，经瓜、肃、甘、凉、灵诸州，然后北折，经丰、胜、朔、代、怡等到五台山。

《西夏研究》主编薛正昌先生研究认为，齐桓公西征大夏走的可能就是灵州道，即由山西北境西行，经陕西北部至宁夏，渡黄河，过"卑耳山"（贺兰山），穿越"流沙"（即腾格里沙漠）。由此推断，灵州道之"诞生"或可提前到战国时期。

🔵 与草原玉石（丝绸）之路相关的考察

2015年5月15日、16日，曾粗读杨镰《黑戈壁》。他围绕马鬃山、黑戈壁，结合自己的经历穿插黑喇嘛、马仲英、尧斯博乐、乌斯满等近代"枭雄"式人物。他自称是追随中瑞西北科学考察团足迹。

中瑞西北科学考察团在中国西北地区考察时间较长，影响巨大，考察成员主要著作有斯文·赫定的《丝绸之路》《大马的逃亡》《移动的湖》，亨宁·哈士伦的《蒙古的人和神》，尼尔斯·霍涅尔的《到罗布泊去的路》，尼尔斯·安博特的《驼队》，贝格曼的《考古探险手记》等。亨宁·哈士伦是丹麦探险家、人类学家，也是上世纪初外国人在中国开展音乐人类学实地考察田野录音的先驱之一。20世纪20年代。他曾在北京、张家口、大同一带经商，精通汉语和蒙语，担任斯文·赫定西北科学考察团负责后勤事务的副队长。他在中国、蒙古及其他中亚国家和地区的历次探险考察中，成功地实施了瓦继采集民间音乐进行人类学文化研究的田野录音活动，并留下了一批我国早期的、幸有出版物文字记述线索可考寻的民间音乐音响资料，著有长文《蒙古古曲探踪》。

关于蒙古、新疆的考察，还有日本西本愿寺第22代宗主大谷光瑞伯爵组织过的三次中亚探险，考察活动收获结集为《西域考古图谱》《新西域记》等书。其他著作则收录到《大谷光瑞全集》中。

橘瑞超与野村荣三郎所走路线，与西北考察团活动路线大致重合。我们走的苏海图—巴彦诺日公—曼德拉苏木—雅布赖—巴丹吉林镇这条路线，近代探险家、学者很少考察。

五 在草原大道中奔驰

前几天，主要在农耕区及农耕区与牧区交融地带考察，11日开始，进入草原文化地域。

上午7:50，考察团从银川西夏区出发，汽车先是顺着贺兰山走势向南行进一阵，上高速，向阿拉善盟首府巴彦浩特疾驰。穿过三关口，不久看见苍苍茫茫的腾格里沙漠。腾格里蒙古语意为"天"，比喻茫茫流沙如渺无边际的天空，沙漠内沙丘、湖盆（422个）、盐沼、草滩、山地及平原交错分布，山地大部为流沙掩没或被沙丘分割的零散孤山残丘，有肉苁蓉、锁阳、苦豆籽、梭梭、白刺、沙竹、籽蒿、油蒿、芦苇、芨芨草、盐抓抓、红沙、珍珠、麻黄、沙冬青、霸王、藏锦鸡儿、合头藜、优若藜、刺旋花、灌木、艾菊及丛生小禾草等生长。腾格里沙漠是游牧文化与农耕文化的交融地区，也是草原丝绸之路、陆上丝绸之路、古道盐道以及黄河水道交错相连的重要路网区，文化意义巨大。

2015年2月3日—10日，《丝绸之路》杂志社组织实施了"环腾格里沙漠大考察"，重点考察草原丝绸之路及其与丝绸之路北道、灵州道的关系；这次从固原沿清水河北上银川，算是对灵州道考察的一些补充。

图4.4 阿拉善左旗博物馆里的石狮子

到巴彦浩特，参观善博物馆，考察玉石文化。下午14:00，向阿拉善右旗进发。这段路程有530公里，是奔向此次考察终点马鬃山最为辛苦的路段之一。汽车与贺兰山并行，向北80多公里，15:14，到苏海图、吉兰泰分岔处，转头向西，进入荒漠草原地带。根据2月对这段路的考察，古代先民将沙漠中的零星绿洲连缀成往来迁徙、交流的辽阔通道，虽然没能留下绿洲丝绸之路那样明显的古城古驿遗址，但散布在贺兰山、阴山、曼德拉等地的岩画可昭示他们的行迹。岩画分布带从腾格里沙漠南缘向南延伸，一直到甘肃景泰、靖远；那是草原文化深入黄土高原的最南地带。当然，历史上游牧文化与农耕文化的交流碰撞非常频繁。十六国时期，匈奴大举进攻北方，陕西、山西、河北等地农田废弃，长满蒿草。渭水流域空无人居，虎狼出没。西安市成为阿拉善和鄂尔多斯的延续，变为草原。前秦开国君主、氐族人苻坚自称大秦天王，人们请求驱逐猛兽，他竟然说："这些野兽饥饿了，等到它们满足的时候，就不再吃人了！"

日本探险家野村荣三郎曾从河北、内蒙古等地穿越沙漠戈壁到达西域，其《蒙古新疆旅行日记》记载旅途见闻颇为详细：他离开张家口不久，在黄花坪看到了长城和烽火台。当时路途多牛车、驼队。1908年，盐每斤7文，牛肉每斤20文，羊肉每斤16文，最好的茶每斤40文，葱每斤6文，骆驼每峰50两银子。他带着奈良泡菜，用小米换牛奶。书还提到一个叫马泥图的地方，我怀疑与罗布泊边缘的马迷兔应为同一个蒙古语词。他还记载，这里云雀很多。2015年2月，我们进行环腾格里沙漠考察时，路上经常有大群大群云雀云团样翻卷升空。而荒野连着荒野、岩山与道路同行的境况，也大致相同……

汽车一路驰骋，经苏海图、阿拉腾敖包、巴彦诺日公、曼德拉苏木、沙林呼图格路口，黄昏时分，到达雅布赖。沙浪像音乐。黄昏,古道,想家。

是日上午10点多,徐永盛从武威出发,先期到雅布赖盐湖及周边考察后,已往巴丹吉林镇等候。天高地阔兮云飞扬,志同道合兮干一场!

大部队于19:23经过雅布赖山,只能向南眺望。20:08,经过雅布赖镇,走S317线。南望盐湖,一片模糊。穿过古老荒原,到达阿拉善右旗,已是深夜22点多。

这天全部行程628公里,耗时10小时。这也是大家坐在车上的时间。好在考察团成员各抒己见,交流地理、影视、考古等方面知识,也不觉疲惫。

吃完"焖面",满天星斗,夜深。

六 北上额济纳

参观阿拉善右旗文物安排在12日上午。文化文物局副局长范荣南指挥工作人员小心翼翼搬运文物,同时介绍出土情况。最有特色的文物除了马家窑文化彩陶和四坝文化三足鬲,就是大量玛瑙细石器和手印岩画。细石器在全国很多地方都能看到,但由玛瑙制作的,恐怕巴丹吉林沙漠文化遗址出土最多。1998年,阿拉善右旗发现布布手印彩绘岩画和额勒森呼特勒手印彩绘岩画。2009年7月,阿拉善右旗文物部门文物普查时在雅布赖镇呼都格嘎查境内陶乃高勒洞窟中发现手印岩画。范局长认为其产生应该与女性生育能力有关。

我关注的问题之一是,阿拉善右旗与额济纳旗之间古老驼道的路线。范局长根据自己研究和对老人的走访,认为主要有两条:其一从巴丹吉林镇到平山湖等地,他说出一连串古驿站名；其二是从雅布赖西北直接到额济纳。从文物分布图看，通沟新石器文化遗址以北逶迤连绵很多古文化遗址，它们连成一线，通向额济纳。雅布赖山区有盐、芒硝、铁、铜、白云岩等矿产资源，盐湖里产盐，这与古代乃至史前文化必然产生联系。雅布赖盐湖开采历史悠久，元末明初就有相关记载。2015年2月，我们进行环腾格里沙漠考察时，在寒风中匆匆游览闻名于世的吉兰泰盐场，并在经过曼德拉苏木时向西遥望野兽脊梁般的雅布赖山。根据对骆驼客采访得知雅布赖盐场就在山脚底下，而且作为一个著名盐场，连接了草原丝绸之路与绿洲丝绸之路的许多地方。如今，雅布赖盐场盐产品市场范围主要在陕、甘、宁、内蒙四省；硝化工及染料产品主要在湖北、浙江、江苏、天津、广东、福建、湖南等省区，还出口韩国、日本、东南亚及中东地区。通过现代交通，雅布赖的盐把海上丝绸之路沿途的国家、地区也连接起来了。

5月29日，我因公务到张掖，特意绕道考察雅布赖盐场。据了解，雅布赖山里的牧民至今还用骆驼驮着自己晒制的盐出来换其他物品，这是游牧文化余绪。

游牧民族的青铜文化或许得到这些资源支撑。以前受访的骆驼客全都是在雅布赖山以南、以东活动，没想到今天得知，古老盐道也向西北延伸！这个发现令大家欣喜不已。

古道，古山，古岩画，古石器，都渗透着龙首山、雅布赖的铜和雅布赖及其他大小盐湖的盐。那些被盐和铜滋养的牧民后裔，流落何处？

这份额外的"饕餮大餐"让大家有理由推测巴丹吉林史前生态状况不是以沙为主。而更多的谜团需要深入考察。感谢高台县委宣传部副部长赵万钧兄提供的重要线索！

本来叶舒宪先生通过朋友联系到两位超过80岁的老骆驼

客,时间紧张,来不及跑到乡下参访,甚憾!

考察团成员刘炘、徐永盛从右旗经龙首山中的红寺湖山口进入河西走廊;大队人马则一路向西,穿越龙首山、合黎山与北大山之间的狭长荒漠地带。龙首山陪伴我们时间最长,它与合黎山一起位于河西走廊中段北部,是河西走廊与阿拉善高平原的分界线。从文化意义上来讲,龙首山是绿洲农耕文化与漠北草原文化的分水岭,也是绿洲丝绸之路与沙漠(草原)丝绸之路的界限。自然形成的人祖口和红寺湖山口沟通两大文化带,也是两条古代交通孔道。

12:00,抵达必鲁图,有四峰骆驼在游荡。据说距道路不远处有新石器文化遗址。

经过海森楚鲁(中国阿拉善国家级地质公园)、苇根泉等地,下午13:30到达甘肃金塔县航天镇。这是新名字,当地人还是习惯叫原来的名字:双城镇。实际上是现代交通驿站。"好运来美食苑"主人张文喜从地里摘来新鲜蔬菜,做饭。

大家狼吞虎咽吃完午餐,继续北上。

图4.5　居延海

图4.6　距离黑城不远的怪树林

　　沿途多次遇到骆驼，有的成群结队，有的独自静坐，有的三两闲逛。正在脱毛期，脊背以下身体都裸露出来，"发型"颇酷。这些对生活要求低到极限的生灵，为何修炼得那么从容、超然？

　　经过东河大桥，看到平坦干涸的河床，又让人感慨不已。黑河，这条曾经造就了居延海的著名河流，这条以弱水进入典故而久负盛名的大河，竟然露出河底！作为黑河精神的象征符号，恐怕也只能是耐苦耐寒耐寂寞的骆驼和胡杨了！

　　下午17:30，到达来呼布镇，全程480公里。

　　大家直奔额济纳旗博物馆。又是一顿"饕餮大餐"。其中滋味，非亲自体验者不能分享。

七　弱水不弱

　　12日傍晚，接到高台宣传部副部长赵万钧消息！他要与几位朋友从近路夜穿戈壁赶到额济纳,参加我们的考察活动! 13日清晨6点,打开手机,他已到居延海看日出。很可惜,因行程安排冲突,我们在通往居延海的路口挥手致意,"擦肩而过"。

说来就来,说走就走,侠客一样,真性情中人也!

我们接着考察黑河末端湖居延海。从地图上看,黑河在东风镇附近就分为两条河:西边的叫"木仁高勒",经珠斯浪陶来、孟克图、赛汉陶来苏木、巴音塔拉等地流向终端湖葛顺淖尔(居延海);东边的叫额济纳高勒,经宝日乌拉、巴彦宝格德、达来呼布镇、策克等地流向苏泊淖尔。我们12日穿过的河道应该是接近达来呼布镇的"额济纳高勒"。居延遗址就在这条河流下游查干波日格附近。

李孝聪《中国区域历史地理》记载,丝绸之路北线东段是由西安、泾川、固原(原州)、海原、靖远、北城滩、五佛寺、景泰、武威,然后一路向西。1974年,破城子甲渠候官遗址发现一枚汉代里程简,记录长安到抵池十几个地名及里程,其中媪围、居延置在景泰境内。学界认为媪围就是芦阳乡鸾沟古城,居延置可能是寺滩乡三好村的白茨水。2013年3月25—28日,景泰县文化广播影视新闻局、文化馆组织邀请兰州部分高校相关专家对景泰县境内居延置、会宁关、乌兰关、乌兰县址、汉长城、索桥古渡进行考察,认为白茨水地形条件不像一处重要驿站。而景泰县红水乡"老婆子水"则是一处较大古遗址,其南为设于汉代、明时重修的红墩子烽燧,距鸾沟古城距离与白茨水相仿,专家认为可能就是居延置。

居延置当与居延海得名一样,曾属于匈奴居延部辖地,两者相距千里。敦煌学家李正宇先生曾撰文考证过居延、呼延、姑衍、五船等史载名称之间的关系。这些地名涉及范围东达景泰,西到敦煌,北至额济纳旗,地域面积非常辽阔,足见匈奴

"居延"部落势力之强大。东西居延海在居延部落辖地范围之内,以部落名命名水域,也在情理之中,这与地图上常见的张家口、刘家峡、齐家坪等命名方式相同。

西居延海已彻底干涸,唯见沙丘高耸。1987年,居延海干涸时湖底积淀厚厚一层鱼,腐烂后腥臭难闻,并且影响到周边很远地区。东居延海海域面积42平方公里,这片异常珍贵的水域镶嵌在干旱荒凉的沙丘之间,碧波荡漾,瑞鸟翔集,仿佛沙漠甘泉、梦幻王国。尽管她的面积仅仅只是上世纪40年代的一半多些,但对周围生态非常重要。

居延海的文化意义远远超过现实意义。下午14:00从达来呼布出发,考察黑河故道、黑城、大同城及怪树林,这种感觉更强烈。黑河古称弱水,因其冲出合黎山后地势变得开阔平坦,水流缓慢,显得柔弱无力而得名;又因为水面浅显,似乎连鸟羽都承载不起,软弱无力,故名。2010年,我首次到额济纳旗,看到过这段河无欲无望缓慢流淌状态,方觉古人命名之精准。这次来只看到河岸边的一汪泉水,碧绿如玉,水量不多,来三五峰骆驼就可能喝干。河床靠右部分,渗出一带湿痕,表明黑河未完全断流。下午,我们特意走到河底观望。河床非常平坦,承载这条著名河水的细沙河底竟然没有被冲刷出哪怕皱纹般深浅的小沟小壑,又一次印证弱水之弱。

其上游,通常称黑河。古代学者说起得名乃是因为水质显现成黑色。与易华兄讨论,他说黑应该是"哈拉"连读,匈奴语意为"大",黑河即大河,黑城即大城,这符合黑河中上游精神气质和黑城的规模。当然这个观点需要进一步论证,我以"求教于方家"的态度发到微信圈,马上有朋友联想到王维诗,认为"长河落日圆"中的长河,也指黑河。这当然是一家之言。2010年7月,我到高台参加"2010高台魏晋墓与河西历史文化国际学术研讨会"，曾到黑河看日出、日落，感受过"长河落日圆"的壮观景象。黑河从合黎山正义峡冲荡而出就进入地势辽阔、相对平缓的戈壁沙漠，流速逐渐减慢，于是得名弱水。我推测是汉朝某位文人执行公务时首先使用这个名字并得以流传。其命名过程也很有趣，不知道将来能不能探究出更多的历史细节。

其实，弱水一点也不弱。其丰功伟绩史载太多，加之居延汉简的发现和国内外学者研究成果的推波助澜，资料很多，无须赘述，单是黑城的消亡，就是一大强证。民间传说当年元朝攻打黑城，久攻不下，便改变黑河流向，迫使黑将军拜逃。他跑了，城中官佐、士兵、百姓、商旅如何将息？

考察团下午进黑城，炎热干燥，风沙击面。墙体多处残破，流沙累积几乎与墙等高。佛塔孤独地挺立在墙头，无可无不可。我仔细观察城中密集的建筑区遗址，隐约可辨当年繁华痕迹。若拿出《马可·波罗游记》来对照阅读，或许能还原很多断壁残垣和零碎瓦片的故事。我在1998年开始创作、2006年正式出版的长篇小说《敦煌·六千大地或者更远》中，特意安排黑城作为小说人物活动场所，虚构一位重情重义的女子每天坚持不懈敲打羊皮鼓，为死难的丈夫叫魂。

这种场景只能出现在小说中。面对遍地残片、残件、残迹、屋址、烟火熏烤的炕洞，还有明显是官署机构的重要建筑遗址，加之强风裹挟细密沙尘阵阵袭击，我清醒认识到历史上在这里生活过的人们已经被时光冲向远方，尽管黑城仍然以佛塔为旗帜，信心百倍昂首挺立在沙丘环抱的荒滩上，尽管黑河故道遗址未被流沙完全填平，尽管怪树林中有些胡杨树因为居延海的复苏而复苏……

强风怕日落。傍晚，风弱了。古原归于寂寞。黑城，大同城与怪树林相距不远,它们折射出历史生态的变幻。

世界浩瀚,时光浩荡。想做的事情很多,时间却又滔滔流逝。但愿有人能写出一本关于弱水的小说,名字就叫《弱水不弱》。

八 戈壁古道大穿越

4月29日,与叶舒宪、王仁湘、易华等先生考察了马衔山;6月14日,考察团从额济纳旗出发,沿当年斯文·赫定、贝格曼等中瑞西北科学考察团科考人员走过的路,穿越荒漠无人区,直奔马鬃山。这两座山,一东一西,似乎为齐家文化发生发展及辐射地扩出大概范围,也是草原玉石(丝绸)之路与绿洲丝绸之路互动互成的重要地带。

因车况原因,考察团分成嘉峪关路和沙漠路:前者溯弱水南下,经酒泉、嘉峪关,15日上午赶到马鬃山镇,后者乘坐两辆越野车,直接从额济纳旗穿越戈壁荒原,走鸟道(直线),这也是传统草原玉石(丝绸)之路的重要路段。

7:55,我们按捺不住内心的欣喜,先行出发。两辆越野车由蒙古族司机满都拉(太阳升起的地方)和照日格勒(决心)驾驶,他们身体很妥实,沉默寡言,微笑比话多。

我和张振宇、梁小光乘坐满都拉驾驶的头车,叶舒宪老师与向导赛音、易华、丁哲乘坐照日格勒驾驶的越野车。满都拉望着西边天际说:"昨天一直刮东风,山里要下雨。我们这里下雨前,都要刮东风。"

干燥的荒原能遇到下雨也很好啊。期待!

8:25,汽车到赛汉陶来苏木,孱弱的额济纳河从荒原而来,

图4.7　穿越额济纳旗戈壁荒原途中

流向荒原。河岸边卫士般散布着胡杨树及红柳之类的植物。赛汉陶来蒙语意为"好看的胡杨"，名副其实。红柳开花，粉红色，远望如一团燃烧的云。那种特有的馨香隐约可感。额济纳河、红柳和胡杨算是戈壁荒原给考察团的第一份爱礼。

离开赛汉陶来苏木，便是砂石路，汽车颠簸前进，很快进入辽阔的戈壁滩，胡杨树越来越稀少，代之以骆驼刺、麻黄等低矮植物。每个草垛都团聚着一堆黄沙，开始是较大的沙丘，逐渐过渡到被浅草覆盖的中型沙包和小型沙包。不久，稀疏的小草紧贴地面，仿佛担心直起腰就会被大风吹走。再往后，全是无边无际的空旷古滩，汽车驰骋很长时间，也看不出明显变化。《敕勒川》描述的情景也符合这片荒滩，"天似穹庐，笼盖四野"，尽管无草也无羊。

2015年的考察有三个名称，"2015'草原玉石之路文化考察""2015'玉帛之路文化考察"，合称"2015'草原玉石之路（第五次玉帛之路）文化考察暨首届中国玉文化论坛"，沙漠路考察团带后两面旗帜。驰过100公里，停车，拍照，举行简单而隆重的仪式，打开旗子，寓意旗开得胜。从这里能遥望到天边一抹山影，满都拉说是小马鬃山。汽车朝着小马鬃山冲刺，二三十公里后便到山旁。干旱风蚀造就的沧桑山体，触目惊心。10:30，行至150公里处，前边现出一道山口，叫"尕逊阿目"（苦口子）。由额济纳旗去公婆泉（马鬃山镇）必须经过这里。便道南边有一片植物带，绿色显得相当勉强。暴雨偶发，渗透土地，唤醒红柳、梭梭、骆驼刺，疯长，待发现又是连绵不断的干燥，便昏昏欲睡。它们适应这种气候，大多能在假寐状态等到下一场雨的滋润，也有被淘汰的。"沧海桑田"，置身此地理解，更有现场感。

穿过尕逊阿目，前面忽现一片规模较大相对茂密的梭梭林，蔓延很长一段。遥望北边，又出现一道山影，远得像梦幻。那还是小马鬃山。前边，南边，也是一绺一绺的山音，确实像马鬃，马鬃山由此得名。我想，若从空中俯瞰，定能看到汉代石刻般的马鬃山立体形状。

一绺一绺的小马鬃山大气磅礴，拱成圆弧形状，环绕四周。汽车沿盆地直径奔驰。到三个井，几道山聚拢，汽车在山谷中穿行。出现几处金矿。满都拉说近年金价不好，生产减缓。我们走的这条简易砂路就是开矿企业修建的。

三个井也是昔日古道驿站。

以后，汽车就在小马鬃山脉一绺绺低矮山体间的荒漠戈壁中穿越。这些小马鬃山的肢体以超乎寻常的形式排列组合，留白部分是宏阔的古原和荒滩，苍凉壮美。

12:45，到250公里处——嘉峪关与黑鹰山指示牌路边用午餐。每人两块饼子，矿泉水，榨菜。中间，来一辆大卡车，停下，司机问路，要去额济纳旗拉设备，我们根据几小时的经历

图4.8　烈日下的荒原午餐

详细告知路线。

　　一棵树村距离用餐地大约3公里，现有一户人家和三只狗。标志性胡杨树已干死，被围墙圈住，挂一纸牌，上面写着"一棵树"。这个路牌具有纪念碑意义。

　　到300公里处，是通向小马鬃苏木和算井子的岔路。头车先到，等半小时，后车才来。等待时，一只小蜥蜴在热得冒烟的地面上爬行，停下，歪过头，好奇地打量陌生人，似乎问：你是谁？你到这里干什么？我能帮您干点什么？

　　一棵树之后，走一段异常坚硬的山石路，穿越几片麻黄林，到达算井子。有骆驼和几间房子。我们开车过去，有人出来。他们是地质探测队工作人员，来自河北廊坊。窗台上、地面上摆放很多捡到的戈壁石、玛瑙、玉石、干树根，土墙上有题诗痕迹，诗句隐约可辨，大意是赞美大漠风光。还有一位牧驼人——这是他的根据地，探测队临时借用。

交流一阵，分别。他们站成一排，挥手致意。

算井子之前，道路尽管颠簸，尚可记录；算井子之后，汽车在山岭间穿行，时而爬上山丘，时而在沟谷行驶，时而骑着山脊慢行。即便有相对开阔的荒滩，也是松软的流沙，车子几次差点陷住，满都拉沉着冷静，从容不迫，轻松化解。

这是真正的无人区，荒凉大美。在这里，只有大自然的语言在悠然叙述。

终于找到一条名叫"保密口子"的长条峡谷。"保密"蒙语意为"狭窄"。显然，这是一条古代通道，而地面流沙又表明这里也可充当临时河床。途中，前面出现一只兔子，边跑边回头

图4.9　算井子古驿站，地质测绘队员临时的家

图4.10　考察途中偶遇的狐狸

看。不久，又发现一只狐狸，满都拉停车，我们拍照。狐狸倒也配合，站在山丘顶，扭过头打量我们，也似乎在发问。它悠然消失。一只兔子和一只狐狸相距不远，生态链中的故事被我们冲毁。兔子会感谢？狐狸会埋怨？不得而知，让它们继续寻找各自的因缘吧。

"保密扣子"是大马鬃山与小马鬃山的分界线，也是甘肃与内蒙古的分界线。穿过这条峡谷，就看见了浩

图4.11　马鬃山玉矿遗址

渺久远的大马鬃山与辽阔荒原。汽车飞驰而下，进入广袤荒原。大马鬃山青色姿影呈现在蓝天之下，威风凛凛。

19:20，汽车终于到达马鬃镇。全程480公里，耗时十一个半小时。

斯日格林，马鬃山镇副镇长，一位敦厚高大的中年男子微笑着站在三只羊雕塑前迎候。

九　公婆泉

甘肃景泰有个汉代文化遗址以"老婆子泉"命名，马鬃山镇以前的名字叫公婆泉。15日下午，考察团大部分人去了明水古城，我和张振宇专门探究公婆泉。转完镇子北部碱滩，打算问路时偶遇娜仁（太阳），她欣然带路到镇子南部草场公婆泉所在地。羊群兢兢业业吃草。一只狗看见我们，走过来。娜仁说是她家的狗，名叫"般克"（厉害）。她是羊群的主人。她说要是你们迟一天走，请吃这的羊肉。

公婆泉除了大泉、小泉，还有一连串泉眼咕咚出的水洼，共同滋养一坡青草。娜仁指着遥远的一座敖包说以前草场一直蔓延到那里，她小时候玩耍，草丛高大茂密，可藏人。于是由公婆泉想到与之相关的交通路线。通常所说的丝绸之路北道从哈密过来，经公婆泉、石板井、算井子、三个井等到达居延地区（额济纳旗），然后向东。马鬃山镇民间收藏家魏东国先生说了另外一条南北向的道路，即从青海经公婆泉往乌兰巴托。他详细列举东西向和南北向路线各个站点。

魏东国先生6月6日曾驾车穿越古道，从额济纳旗到马鬃山镇，用8个小时；满都拉6月15日上午10点多返回额济纳旗，晚上8点多发来短信，说已到达，用7个小时。根据沿途有水点推算，不管斯文·赫定还是汉代商队，正常情况下至少得5天时间。对汽车来说，穿越存在风险，但骆驼喜欢柔软的沙地。

公婆泉得名是因为曾经有公公、婆婆在此放牧骆驼。在漫长而遥远的古代，或者史前，运输工具主要是骆驼。路，是骆驼一步步走出来的；文化，是骆驼一驮一驮输送交流出来的。我对这种大型动物总是充满敬意。阿拉善盟骆驼研究所所长张文彬兄经常跑牧区，了解骆驼习性及沙冬青、白刺、沙葱、沙枣树、变异黄芪、沙蒿等沙生植物，曾介绍很多。他说有种草叫柠条，也叫毛条，蛋白含量高，骆驼吃后抓膘快；而变异黄芪较为特殊，又称为"疯草"或"醉麻草"，羊吃后长膘块，但长期食用就会中毒、上瘾，被醉倒、甚至醉晕。想象山羊、绵羊迷醉后摇摇晃晃的憨笨状态，不禁哑然失笑。昨天穿越几大片麻黄林，不知道骆驼会不会感兴趣，吃了后状态如何。我们这次考察，在阿拉善左旗、阿拉善右旗、额济纳旗都看到骆驼，这些广袤地域的植物尽管不大相同，但总有一种或几种适应骆驼食用。这也是骆驼能够长途跋涉的根本原因之一。进入现代社会，绝大部分地区的骆驼退出运输历史舞台，存在理由从畜力转向驼毛、驼奶等。阿拉善双峰驼一年四季习性不同，牧民一般在每年5～11月放驼，11月牧民开始骑着摩托车找骆驼，收群。骆驼习惯了摩托车，看到牧民骑着骆驼来，竟然被吓跑。如果让它们远征，能否适应？以前，骆驼每次出发前，骆驼客们便会将骆驼"吊"上三四天，就是让骆驼少吃，以便适应长途跋涉中不能正常进食的情况。2014年，有关单位组织"重走茶叶之路"活动，骆驼蹄子被磨破，淹留某地。张文彬没遇到过这种情况，请教驼户。

驼户支招：将骆驼牵到湿润的碱滩里，站一天就治疗好了。果然奏效。这些经验都是千百年来骆驼客在实践中总结出来的，凭空想象不出。

公驼生活近似残酷。公驼本来性情并不温顺，尤其是发情期，暴躁易怒，难以驾驭。因此，要在它们刚刚成年就"去势"（阉割），从此终生乖顺，在行走中消耗完生命。就是说，作为动物的正常生理快乐，大多公驼都无法享受。

上午，我们考察了马鬃山玉矿遗址。根据现场找到的四坝、齐家文化陶片推断，早在张骞"凿空"之前，骆驼就依靠沙漠甘泉与荒滩野草助力人类历史进程。

想一想，骆驼这种动物真是奇异，一滩草，一眼泉，就心甘情愿在永无休止的重复中走路。真是奇异。看来，各种欲望不是不可以降低到最低。

✚ 千里东返一日还

考察团6月8日7点从兰州出发，6月16日晨5点从肃北马鬃山镇（又叫公坡泉、公婆泉）出发，历时7个小时到酒泉，行程360公里。下午14时50分乘高铁返兰，行程700公里，这天行程两项目叠加共1 000多公里。

至此，田野考察部分结束。据驾驶员牟业加统计，全部行程6 000多公里。17日上午，举行首届中国玉文化高端论坛（学术总结会、新闻发布会）。

感谢考察沿途给我们友好支持的会宁、隆德、固原市、彭阳、西吉、海原、宁夏文化厅、宁夏社科院、阿拉善左旗、阿拉善右旗、额济纳旗、马鬃山镇、酒泉市等地文化界朋友！感谢朴素而敬业的文博工作者！感谢热情真诚的向导和受访者！感谢六盘山、西海固、阿拉善高原、弱水、居延海、大小马鬃山！感谢大风烈日沙漠！感谢惊慌的兔子、好奇的狐狸、怯懦的沙滩壁虎、霸气的蚊子……

感谢吃苦耐劳，任何时候都充满希望的团队！

第五部分

牛门洞：会宁玉璋

出土地考察

2015年6月8日随团考察,经过会宁,从博物馆库房看到长达54公分的玉璋,叶舒宪先生撰文称为"玉璋王"。其出土地在家堡镇牛门洞村,距县城70多公里。考察团行程已定,不可能赶往现场寻根问祖。考察结束,返回兰州,偶然与西北师范大学机关党委书记柴繁隆兄谈起牛门洞,他是会宁柴家湾人,家乡距猛犸象出土地泉坪不远;他中学就读于头寨镇,距牛门洞村大约10公里。这是最理想的向导了。于是,协调时间,6月26日前往牛门洞。

出兰州城,沿黄河边309国道老路(宜君—兰州),经过来紫堡,到金崖镇。金崖以生产水烟闻名于世,路易艾黎曾在这里设办过服装厂。忽然想起这是老作家金吉泰先生家乡,便打电话联系,登门拜访。2 000年前,我曾到过这里;后来又来过一次。这是第三次。老屋依旧,枣树却长大许多。先生已83岁高龄,眼有疾,身体尚可。我们在堂屋叙旧——得知原市委宣传部部长、《兰州晚报》创刊人黄应寿先生于去年辞世!叹息不已。分别前,在枣树下合影留念。

图5.1　牛门洞遗址的胡麻花

离开金崖，进入北山八十沟，在石山峡谷中攀升，穿行。榆中北山以干旱少雨著称。沿途所见，多石山，少草木，果然异常干燥。车辆稀少，空谷寂静。几十公里以后，终于见到石山上的羊群和首个村子：打捞池。西部干旱地区，很多地方都有积蓄雨水、泉水的涝池，供人畜饮用。这个村子直接以"涝池"命名，可想而知对水的尊重程度。

吕家岘是一个镇子，在山顶。此处有道路通榆中。之后有两个村子：贡马村和高窑沟村。贡马村的植被明显好转，绿意渐浓，呈现高山草甸特色。我望文生义，从村名推测其地大概与给朝廷养贡马有关，说不准村名就是当年牧马人的后裔。柴繁隆兄说其家乡将这一带称为"草山"，遇到荒年，赶羊来放牧。

图5.2　闷葫芦

吕家岘在北山顶部。过了这个镇子，汽车在山岭间盘绕前行一阵，开始下山。

半道上遇到一尊佛塔式土建筑，会宁人称"闷葫芦"，储存粮食，老鼠难以进入；即便进去，也无出路，会被闷死。发到微信中，让朋友猜。有人竟然说是烽火台！显然根据我以往考察经历推测。

还有一树熟透发黄的杏子，柴书记大喊一声："吃！"

于是，就着芳香的气息，慢慢品尝一阵。

山底是关川河谷中的马家堡镇。关川河是祖厉河主流。我们顺河而下,到头寨镇用午餐。从柴繁隆兄处了解到,河谷两边台地上出土过大量彩陶和玉器饰品。

牛门洞村应该与关川河相关,那里的地形是什么样子?

午后,烈日炎炎,我们返回马家堡,沿327国道走一段,便向左拐进大山,沿水泥硬化道路寻访牛门洞村。山根、山间、山梁、山峁、山洼、山沟等地,都是绿色。间有蓝色的胡麻花和紫色的苜蓿花。这两种植物都来自西域,它们的传播路线、初期种植给先民带来的喜悦感,似乎还洋溢在沟沟岔岔里。头顶骄阳,面对漫山绿意,倒也不觉燥热。到山地顶部,地势趋于平坦。实际上是多条山沟集结成的一座巨大平台,其中心,就是牛门洞村。地形与广河、临洮乃至石峁遗址都相类似。石峁遗址三面环沟,在陕西省榆林市神木县高家堡镇秃尾河支流洞川沟内石峁村两侧山梁上;广河县邻近广通河,齐家坪邻近洮河。牛门洞台地邻近关川河。打电话给会宁博物馆馆长马可房,落实,确定无误。登临村子背靠的、长满苜蓿的开阔台地,心旷神怡。我进入苜蓿地,游荡。柴兄担心被蛇伤了下身,用木棍开道。苜蓿地中留有一方两三米高的土台,似有灰层。我从旁边"马道"似的窄坡上去,放眼四周,宏伟壮观,气魄极大,与想象中的牛门洞大相径庭。整齐的层层梯田中,庄稼茂盛生长,寂寞而优雅。有大小田畦构成的丰美景象连绵延伸,顺着坡地、沟底向四处延伸。我们所在台地是辐辏中心。天然王都!

根据玉璋推测,这里应该是齐家时期重要王国,中心就在牛门洞,关川河流域及其两岸台地,或许在其势力范围之类。

牛门洞新石器时代遗址是会宁县文化遗存分布较为密集的新石器时代特大型遗址,位于会宁县城西北头寨子镇牛门洞村周围牛门洞、大地梁、东山梁、灰条梁、清明湾、中湾顶、铁木山顶、圈儿、阴山一带，东接汉岔乡阴山村，南、西面接定西县石峡湾乡，北临宜兰公路（309国道），接铁木山，总面积约40平方公里。文化层厚1～2米，遗址显示有墓葬、地穴、灰坑、烧土、炭屑、白灰面、骨类、陶器、石器、玉器等。

1920年当地秦安移民垦荒时首次出土彩陶罐。按照国际惯例先发现先命名的命名法则，本应将这一时期新石器文化命名为牛门洞文化；因交通、信息闭塞，四年后，1924年安特生及其助手在临洮马家窑发现新石器时代彩陶，从而获得命名权。

1975年，大搞农田基本建设，相继出土彩陶壶、瓮、罐、钵、盆、细颈侈口蓝纹红陶罐、高颈蓝纹双耳罐、高颈蓝纹瓶、灰陶盆、红陶鬲及及骨球、石器、刮削器、纺轮等随葬品，并在生活区出土大量陶器、制罐工具、生活用具、石祖、石、权杖头等。

其中一部分为甘肃仰韶文化马家窑类型、半山类型和齐家文化类型；另外，还有数量较多、制作精美的灰陶缸、陶罐、陶灶、陶井、瓷碗等汉、宋、明、清代文物。

牛门洞新石器时代遗址是甘肃彩陶出现最早、发展时间最长、类型最丰富的地区之一。1982年，牛门洞新石器时代遗址被甘肃省政府列为省级文物保护单位。1998年被列为省级文物保护单位。2006年3月29日，国务院审议通过，列为第六批全国重点文物保护单位。

此前，外界对会宁的印象只是环境艰苦，

图5.3　牛门洞新石器遗址

图5.4 牛门洞遗址

近些年又提红色旅游，而这种壮观大气的雄浑景观被遮蔽了。诗人、画家、作家到此采风，定能激发灵感。

我们感叹许久，谛听许久，感受许久，驱车经过铁木山主峰背后，绕到309国道，经过铁木山正门，下山，到马家堡关川河桥头，正好绕行铁木山一圈。铁木山又名香林山、石虎寺，宋代时称铁毛山，后讹称为铁木山。位于会宁县城西北70公里头寨子镇香林村与汉家岔乡交界处，海拔2404米，是会宁最高山峰，有"旱塬秀峰"美誉。称"香林"者，古人以为"山多香木"，因"漫山草木药材溢香"；称"铁木"者，传说600多年前蒙元将领铁木耳率军转战安定郡（定西）一带，队伍被冲散，铁木耳穿峡越山，边战边走，最后被围困在此山，自刎身亡。明廷表彰其诚，定山名为铁木山；又说"山中林木荫翳，色墨如铁",故名。牛门洞新石器文化遗址在铁木山北麓,若以铁木山命名,可充分发挥大文化符号作用。

马家堡桥头路牌显示到金崖80公里。我们不想走回头路,便溯关川河谷(又称马家堡峡)南行。这里是古代定西通会宁的要道,327省道也沿用旧路。传说中的蒙元将军铁木耳从安定郡(定西)战败,撤退时,也应该走这条道路。近些年,多处采石场进驻,大车摇摇晃晃运送石料,反复碾压,尘土飞扬,遮天蔽日,道路也坑坑洼洼,通行极为困难。六十多公里的路,走了两个多小时,很辛苦。环境破坏如此惨烈,令人揪心!遥想牛门洞齐家先民,他们赶着牛羊穿越这道峡谷时,一定是青山绿水,蓝天白云,空中飘扬的,是他们发自内心、表达快乐的歌声!

从巉口上高速,回到兰州,晚上八点。全程300公里。

回想国道309故道,从兰州到延安宜君,途经西吉、固原。宁夏文化厅文物保护中心主任马建军研究员编著的《二十世纪固原文物考古:发现与研究》一书指出:"菜园文化是一支农牧并重、崇尚简朴、兴盛蓝纹素陶的土著文化,以清水河、泾河上游为分中心,是从当地远古文化中发展成熟,又从中孕育出齐家文化的主体,应当是齐家文化的直系前身。"(第14页)。如果将来的考古、研究能够支持此说,那么,齐家文化在西海固发育后,主要向东、西、南三个方向延伸;向东到石峁文化;向南翻越六盘山到彭阳、隆德、庄浪等地;向西发展的重要一站就在铁木山。

第六部分

玉帛之路河西段
及羌中道考察

2015年8月3日至13日,我们从兰州出发,经过乌鞘岭,穿越河西走廊,又经过祁连山与阿尔金山的分界地带——当金山口到达青藏高原,遥望西边苏干湖,然后折向东,经过柴达木盆地、青海湖、湟水谷底,返回兰州,完成了对河西走廊的穿越和对祁连山的绕行朝拜。

河西走廊是中国内地通往新疆的要道。东起乌鞘岭,西至玉门关,东西长约1 000公里,宽数公里至近百公里,大部分为山前倾斜平原,因位于黄河以西,为两山夹峙,故名。又因在甘肃境内,也称甘肃走廊。东起乌鞘岭,西至古玉门关,南北介于南山(祁连山和阿尔金山)和北山(马鬃山、合黎山、龙首山及东延的红崖山、阿拉古山等)间,为西北—东南走向的狭长平地,形如走廊,称甘肃走廊。因位于黄河以西,又称河西走廊。

祁连山脉由一系列海拔四、五千米的高山和谷地组成,西宽东窄,由柴达木盆地至酒泉之间最宽,约300公里,最高峰疏勒南山团结1峰海拔为6 305米。祁连山4 500米以上的高山上,有永久积雪和史前冰川覆盖,每年在特定季节融化,为绿洲和耕地提供水源。

北山(龙首山、合黎山、马鬃山)绝大多数山峰海拔在2 000～2 500米之间,个别高峰达到3 600米。

以黑山、宽台山和大黄山为界将河西走廊分隔为石羊河、黑河和疏勒河三大内流水系。

石羊河古名谷水,发源于祁连山脉东段冷龙岭北侧的大雪山,全长250公里,是河西走廊内流水系第三大河,全流域自东向西由大靖河、古浪河、黄羊河、杂木河、金塔河、西营河、东大河、西大河八条河流及多条小沟小河组成。上游有64.8平方公里冰川和残留林木,是河水源补给地。中游流经走廊平地形成武威和永昌等绿洲。终端湖白亭海、青土湖等已消失。石羊河域建有大景峡、黄羊河、南营、西马湖、红崖山及金川峡等15座较大水库。

黑河发源于祁连山北麓中段，全长821公里，是我国西北地区第二大内陆河，流域南以祁连山为界，北至内蒙古自治区额济纳旗境内居延海，与蒙古接壤，东西分别与石羊河流、疏勒河流域相接。黑河流域有35条小支流，部分支流逐步与干流失去地表水力联系，形成东、中、西三个独立子水系。其中，西部包括讨赖河、洪水河等，归宿于金塔盆地；中部包括马营河、丰乐河等，归宿于高台盐池—明花盆地；东部包括黑河干流、梨园河及20多条沿山小支流。黑河出山口莺落峡以上为上游，长303公里，河床陡峻，山高谷深，气候阴湿寒冷，植被较好。莺落峡至正义峡为中游，长185公里，两岸地势平坦。正义峡以下为下游，长333公里。黑河下游主要流经沙漠盐沼凹地，金塔县天仓到内蒙古额济纳旗湖西新村称弱水（或称额济纳河）。湖西新村以下分为两支：东河（纳林河）注入索果诺尔，西河（木林河）注入嘎顺诺尔（居延海）。

黑河河谷是阿拉善高地唯一的人类定居区，也是丝绸之路故地。

疏勒河古名籍端水，全长540公里，是河西走廊内流水系第二大河，发源于祁连山脉西段托来南山与疏勒南山之间，位于走廊西端。南有阿尔金山东段、祁连山西段高山，山前有一列近东西走向剥蚀石质低山（即三危山、截山和蘑菇台山等）；北有马鬃山。中部走廊为疏勒河中游绿洲和党河下游敦煌绿洲，疏勒河下游则为盐碱滩。

疏勒河西北流经肃北县高山草地，贯穿大雪山到托来南山间峡谷，过昌马盆地，出昌马峡以前为上游，水丰流急，出昌马峡至走廊平地为中游,向北分流于大坝冲积扇面,有十道沟河之名。疏勒河至扇缘接纳诸泉水河后分为东、西两支流,东支流部分泉水河又分南、北两支,名南石河和北石河,向东流入花海盆地的终端湖;西支为主流,又称布隆吉河,至安西双塔堡水库以下为下游,水量骤减。昌马冲积扇以西主要支流有榆林河及党河,以东主要支流有石油河、白杨河,均源出祁连山西段。

近年来,从创作长篇小说《野马,尘埃》开始,我探寻、研究河西走廊南山、北山的主要河流与山口。往往,河谷、山谷与道路基本上一致。祁连山中诸道山口,联结青藏高原与走廊;北山之间的山口,则是走廊通往漠北的通道。这些山口在和平时代就是商旅往来的交通要道,在战时则成为兵家争夺的军事关隘。

图6.1 冷龙岭雪山

一 玉帛之路(绿洲丝绸之路)路网概况

综观玉帛之路(绿洲丝绸之路)全段,有两大"路结":其一,是昆仑山脉、喀喇昆仑山脉、天山山脉、喜马拉雅山脉、兴都库什山脉等山汇聚的帕米尔高原,塔里木河、伊犁河、印度河、恒河、锡尔河、阿姆河等大河发源于此,沿山麓地带或山间河谷行进的交通路线也在附近汇集;其二,是祁连山脉、西秦岭、小积石山、达坂山、拉脊山等在甘肃、青海交界地带汇聚,大夏河、洮河、湟水、大通河、庄浪河等黄河上游几大支流在这一带汇聚,秦陇南道、羌中道(吐谷浑道)、唐蕃古道、大斗拔谷道、洪池岭道都在此相聚。

帕米尔高原、昆仑山、阿尔金山、祁连山从西向东一直伸展到秦岭,成为华夏大地的主要脊梁,这条宏大山系之南之北,是养育华夏民族的摇篮之地。正是这道脊梁孕育出中国极品美玉,并且在很早时候就形成核心价值观"君子温润如玉"。此后,随着历史演进,不管战争多么惨烈,政局变化多么频繁,这种价值观不但没有衰退,反而越来越加强。与此相符,最早的玉石之路也被开辟出来,大致与祁连山之南的羌中道、河西走廊道及漠北草原丝绸之路重合。这些道路不但彼此交通,还衍生出很多路网。

2014年6月,中国与吉尔吉斯斯坦、哈萨克斯坦联合申报"丝绸之路:长安——天山廊道的路网"世界文化遗产项目成功。比丝绸之路更早的玉石之路,应是下一个申报世界文化遗产的中国项目。从玉石到丝绸,西风古道,纵横交错,形成网络。

1. 乌鞘岭中的洪源谷道和白山戍道

乌鞘岭脚下有个著名驿站——武胜驿。它处在庄浪河谷地最西北端，境内西北有喜鹊岭（海拔3 244米）、标杆山（海拔3 631米）、奖俊岭（海拔3 455米）、鸡冠山（海拔3 261米），这些山岭峻拔雄伟，形成大川、小川、武胜驿谷地、富强谷地，这里山峰围拢，四面高山险峰形成盆地，庄浪河从中流过，武胜驿驿站所在地为最开阔处，最宽处为1 000～1 500米，最窄处只有200米，为天然通道。其最早历史可上溯到公元前121年，霍去病渡黄河，在今永登筑令居塞，然后西逐诸羌，北却匈奴，在今武胜驿富强堡一带俘获羌族部落首领并开通河西。汉代苦心经营，汉长城横穿武胜驿，又在此设杨非亭，作为监视外敌、警戒边防的重要军事设施。自此，西域与中原的大道全面开通。武胜驿因处在凉州与兰州的中间站，是丝绸贸易、茶马互市、文化交流、佛教东传、军事防务的重镇要塞，为保证丝路畅通，历史上不仅设重兵防守，而且屡修庄浪河桥。清道光年间，平番县令吴龙光还支持重建武胜驿永济桥。咸丰三年（1853年）被洪水冲毁后又重建。民国时，县知事胡执中重修，并改名广济桥。武胜驿始终是兵家必争之地，也是中原王朝扼守金城兰州的西北大门，时而民族纷争，时而中西交战，时而繁忙纷乱，时而紧张喧闹，断断续续延续了2 000多年，直到近代，甘新公路、兰铁铁路横穿而过，依然发挥驿站作用。昔时，长途车司机从兰州出发，到此休息、用餐。潜规则是司机用餐免费。因国道经过，因此，非常红火，录像厅、卡拉OK等娱乐设施一应俱全。连霍高速公路开通后，武胜驿迅速衰落，但没有彻底废弃，因为不少大型货车司机为停车方便，还是选择在此休整。

李并成先生研究认为洪源谷即今古浪峡。另据严耕望、李并成先生考证，洪源谷附近有洪池岭，即今乌鞘岭，它们都位于金城到凉州的大道上。因此，洪源谷当是今乌鞘岭北古浪峡谷。该峡谷地形狭长，地势险要，为古丝绸之路上的金关铁锁。《新唐书》载，唐在洪源谷南端今乌鞘岭一带设洪池府，控遏洪源谷。《大慈恩寺三藏法师传》载，玄奘法师西行求经，由长安经秦州等地到达兰州，取洪池岭道至凉州。699年，吐蕃内乱，论钦陵弟论赞婆率所部千余人降唐。武后以为右卫大将军，将其众守洪源谷。700年，吐蕃大将趐莽布支率骑数万侵袭凉州，入洪源谷，将围昌松（唐昌松县位置为今古浪县城所在位置），陇右诸军大使唐休璟以数千人大破之。据此，吐蕃经洪源谷进攻凉州的路线应是自青海省东境，渡大通河，进入天祝藏族自治县，然后经洪池府进入洪源谷，再经昌松县到凉州。这条道可能与西宁市经互助到天祝华藏寺的公路大致重合。

2011年7月26日，笔者与诗人、天祝县文联副主席仁谦才华在安远镇会面，然后翻越乌鞘岭，考察汉长城，有一段路就在古浪峡中。

白山戍道也是一条穿越乌鞘岭的重要廊道。《新唐书·地理志》载，凉州昌松县有白山戍。《元和郡县图志》又称："白马戍，在县东北五十里。"据李并成先生考证研究，今古浪县城东北方向70公里许大靖镇北1公里、大靖河出山口处有故城头，就是位于丝绸之路东西、南北交往丁字路口的白山戍。故城头向西通凉州，向东经唐新泉军治所，直抵乌兰关黄河渡口。这也是古代西渡黄河后通往凉州的丝路北道。另外，大靖河发源于祁连山东端毛毛山北麓，逶迤北流，草茂林深，谷地狭长，为天然通道。河谷南行，通庄浪河谷，西与青海连通，成为羌蕃北来之孔道。

柳条河谷是青海与河西走廊相通的又一条古代通道,在和戎城、昌松城故地与古浪峡交汇。清代诗人丁盛《咏古浪》:"开源从汉始,辟土自初唐;驿路通三辅,峡门控五凉;谷风吹日冷,山雨逐云忙;欲问千秋事,山高水更长。"

从古浪往北,一马平川,可通武威、景泰,地理位置十分重要。新时代以来,人们翻越乌鞘岭后往往直达武威。将这个有着悠久历史文化的古城忽略了。

2011年7月22日,笔者从武威前往民勤考察,也走这条道。两边风景变化不大,洪水河、红崖山水库,依然如旧。7月23日从民勤出发,寻访连城、古城、青土湖、三角城。周边,黄沙漫漫。午餐后,前往青土湖。青土湖北距民勤县城160公里,西汉初期叫潴野泽、休屠泽,4 000平方公里;隋、唐时分为两部分:西边叫休屠泽,东边叫白亭海,1 300平方公里;明、清时叫青土湖,400平方公里;1924年仍叫青土湖,120平方公里;1959年彻底干涸。现在虽然还叫青土湖,滴水全无。从谭其骧先生主编的《中国历史地图集陇右道东部》(隋唐时期)看,向北延伸的长城到马城河(即现在的石羊河)下游分支分别注入白亭海、休屠泽的地方,转而向西。笔者推测,长城之所以转弯,大概这里以北都是沼泽地了。马城河右岸,有明威戍(在今民勤县城之南),再往北,百亭海之南,是白亭守捉。

2. 张掖守捉道

匈奴崇金,休屠王铸祭天金人。可以推测,匈奴所祭之天,当指"祁连山"(匈奴语意为天)。《山海经》载:"姑臧南山多金玉,亦有青雄黄,英水出焉。"姑臧南山指武威之南的祁连山,盛产黄金和美玉。休屠王铸金人,是否从姑臧南山采金?姑

219

藏南山之北是青海鄯州，当年那里的羌人是不是也前来挖金采玉？羌族与匈奴会不会因为抢夺资源发动战争？横亘在凉州与鄯州之间的姑臧南山有没有天然通道呢？

史料明确记载了张掖守捉道，著名历史学家史念海先生曾论及。西汉时，武威郡在其下辖张掖县故城址（今武威南境祁连山麓、张义堡一带）设张掖守捉，控制凉州、鄯州之间的大道。经由此守捉，青海与河西走廊相通。737年，孙海、赵惠琮矫诏令河西节度使崔希逸出击吐蕃。希逸发兵，自凉州南入吐蕃境两千余里，与吐蕃大战。崔希逸行军即走此道。古代凉州与青海的主要通道就是张掖守捉道。2011年7月，笔者曾拜谒天梯山，到过张义堡。那里有片盆地，水草丰美，处在山口位置，适合建县屯兵。

3. 扁都口道

扁都口原名大斗拔谷、达斗拔谷、大斗谷。关于扁都口得名，海东藏语呼格桑花为"大都麻"，概文献中"大斗拔谷"即今人"扁都口"之称中"谷""口"表地形，"大斗拔""扁都"皆为海东藏语音译。扁都口为汉唐以来丝绸之路羌中道进入河西的重要干线，其走向与今国道227线略同。新修的兰新高铁也从附近通过。扁都口自古以来就是汉、羌、匈奴、突厥、吐蕃等民族联系河西走廊与青藏高原的大通道，南可抵湟水谷地，北出山口，东通凉州，西通甘州。霍去病第一次远征匈奴，东晋法显西行求法，张骞首次出使西域，隋炀帝西巡张掖、东还，都走这条道。唐时吐谷浑、吐蕃出入河西，多取此道，727年，吐蕃大将悉诺逻出大斗谷进攻甘州。唐朝反攻，以及凉州与鄯州往来，也多走此道，并于该道设大斗军镇守。自扁都口东望，遥见胭脂山姿影。本次考察两度来到扁都口，并穿越祁连

图6.2. 雪冬扁都口

山到达青海，目睹定居在祁连山的现代裕固族开发祁连玉的情景。

4. 三水镇道

敦煌文书（P2625）敦煌名族志中提及，敦煌大户阴仁果次子阴元祥曾任昭武校尉、甘州三水镇将。有学者考证，三水镇应为吐蕃出入河西的又一要隘。其位于何处？

肃南隆畅河流到白泉门与白泉河汇合，至红湾寺，汇东、西柳沟河，再经鹅鸽嘴水库、梨园堡后始称梨园河，之后，出祁连山区进入河西走廊，称大沙河，再北经临泽城东最终北流注入黑河。唐代灌水，现代隆畅河、梨园河在穿行祁连山、河西走廊过程中接纳了多条支流，是不是因为这个缘故当时才称为"三水"并设置戍堡？

甘州东有大斗拔谷道，西有建康军道，经三水镇的道路应居两道之间。今青海祁连县边麻河经肃南裕固族自治县治通张掖市的公路大致沿梨园河谷而行，位居于两古道之间，或为吐蕃等民族与河西往来的道路。

5. 建康军道与合黎山口道

河西走廊以南，有数条天然道路穿越祁连山直通青藏高原。王孝杰在骆驼城设置建康军，就是镇守高台南的北出山口。《资治通鉴》载："开元十六年（728年）八月辛卯，右金吾将军杜宾客破吐蕃于祁连城下。时吐蕃复入寇，萧嵩遣宾客将强弩四千击之。战自辰至暮，吐蕃大溃，获其大将一人；虏散走投山，哭声四合。"祁连城即甘、肃二州间紧靠唐建康军的祁连戍城。陈良伟先生也认为扁都口以西有一条通道，至少起用于西汉中期，东晋南北朝时期相当繁荣，唐初仍在使用，至少可以承载6 000人以上大部队通过。

合黎山口道与黑河密切相关。2009年7月4日，笔者和刘炘、李仁奇两文友在时任高台县广播电视局局长的盛文宏等先生陪伴下，考察正义峡。途中可见宽阔舒展的黑河河谷、黑泉乡十坝村中的胡杨树、沙丘、烽火台和古城墙等。历史上，匈奴人入侵河西，从正义峡而来。中原王朝在此设置军事堡垒，命名为"镇异峡"。后来才改为今名。2014年7月17日下午，我们选择目标从地埂坡远眺黑河、合黎山及正义峡。汽车在黑河岸边行驶一阵，便向左拐进戈壁滩。后来，因道路松软，汽车不能前进。考察团成员分乘两辆越野车，沿戈壁荒滩上的古盐道直达地埂坡，又冲过一道山沟，到距离烽火台最近的沙冈上。剩下的路只能步行。大家像骆驼一样排成行，过沙脊，攀山崖，到半边坍塌的烽火台边，远眺黑河，远眺合黎山。

顺黑河而下,穿越正义峡,可直达居延,或一直向西,可通金塔、马鬃山、新疆巴里坤等地。合黎山周边多长城、古堡、烽火台,折射出沧桑岁月中战事之频繁,竞争之激烈。

6. 玉门军道

史载,隋朝在今玉门市境设玉门县。唐在今玉门市境先后设玉门县、玉门军,在玉门市赤金镇一带设立玉门军治所。有学者认为,锁阳城(瓜州古城)以南不远处有一山口,今名旱峡口子,是吐蕃军队进犯的孔道。结合严耕望、陆庆夫、陈良伟等先生研究成果,可以勾勒出玉门军道大概路线:从今天青海境的疏勒河上游,过其他河达坂隘口进入肃北蒙古自治县境,至荒田地,途经肃北蒙古自治县旧场部、鱼儿红乡,由玉门市旱峡山区的红沟(人马行走亦可)经旱峡口进入河西走廊区,分为两路:向东经朝阳村通往玉门市赤金镇(唐代玉门军驻地),向西北经红柳峡通往瓜州县。通过该道进入瓜、肃二州境,继续向北,经花海、金塔、居延海道,可通往蒙古高原或河套、宁夏平原。这是吐蕃北联突厥的一条外交通要道。727年,吐蕃侵袭瓜州、肃州,就走此道。

7. 敦煌和瓜州的古道

敦煌和瓜州自古以来就是中原与西域互通的咽喉所在,有"新北道"(莫贺延碛道)、阳关道、玉门关道、大海道、当金山道、稍竿道、子亭(紫亭)道和石包城与外界相通。

"新北道"是玄奘西行最为艰难的路段,唐代称为"莫贺延碛路",敦煌遗书中又称"第五道"。莫贺延碛北起哈密北山南麓,南至瓜州县大泉西北,绵延八百里,唐代设十个驿站,即新井驿(雷墩子)、广显驿(白墩子)、乌山驿(红柳园)、双泉驿

（大泉）、第五驿（马莲井）、冷泉驿（星星峡）、胡桐驿（沙泉子）、赤崖驿（红山墩东）、格子烟墩及大泉湾。李正宇根据史料记载，多次考证、实地踏勘，确定了各驿站位置。

众所周知，阳关、玉门关同为西汉对西域交通的门户。2014年4月22日，笔者同敦煌西湖国家级自然保护区的孙志成考察玉门关道，沿着逶迤西去的古商道遗址，到达距离罗布泊大约100多公里的湾腰墩。那是敦煌与盐泽交界处的重要烽燧。阳关道、玉门关道是河西走廊最早的两条向西通道。后来又开辟出大海道。《魏略·西戎传》："从敦煌玉门关入西域，前有二道，今有三道……从玉门关西出，发都护井，回三陇沙北头，经居庐仓，从沙西井转西北，过龙堆，到故楼兰，转西到龟兹，到葱岭，为中道。从玉门关西北出，经横坑，壁三陇沙及沙堆，出五船北，到车师界戊己校尉所治高昌，转西与中道合龟兹，为新道。"这里提到的新道就是大海道。敦煌与高昌之间要通过遍布砾石、碎石和流沙的噶顺戈壁（也就是莫贺延碛）。噶顺戈壁是有低矮小山的准平原，呈风蚀剥蚀形态地貌，降水量极少，地下水非常缺乏，广袤、空旷、无垠，似茫茫大海，唐代称为"大沙海"，"大海道"因此得名。岑仲勉先生认为今鲁克沁东南约70余里的"Deghar"（迪坎儿村）之"r"，是词语尾音，"Degha"就是唐代语音"大海"（即大沙海）简称。

稍竿道为唐武则天如意元年（692年），开始起用。该道从敦煌向北，经青墩峡、碱泉戍、稍竿戍抵伊州。

当金山道是指古时从敦煌穿越当金山直通青藏高原的道路。当金山位于祁连山与阿尔金山结合部位，沟谷大多呈"V"字形，层峦叠嶂，山势陡峻，昔时人迹罕至，飞鸟不驻。今敦煌通青海柴达木盆地的215国道经过。当年吐蕃到河西、往西域，经常走此道。8世纪，吐蕃占领河西，这条路使用频率更高。当时，敦煌冻梨深受吐蕃贵族男女喜欢。每年冬天，大量冻梨经此道运往逻娑（拉萨），这条绵长的道路曾被称为"香梨之路"。史料没有记载吐蕃人如何食用冻梨。甘肃民间至今有用炒面（炒熟小麦、青稞、莜麦、豆类等碾成的面粉）拌西瓜、冻梨食用的习惯，不清楚是否为吐蕃人所发明。考察团原计划要穿越当金山，然后沿德令哈一线东返。

子亭（紫亭）的名称始于十六国时李暠在今肃北县城东南3公里处党城湾筑子亭城。因城东南大山雨后夕照呈紫色，又称"紫亭"。子亭是敦煌通往南山和青海的重镇。李暠筑子亭就是防止吐蕃人入侵敦煌。唐宋归义军时期，紫亭是瓜、沙二州所辖6镇（紫亭、悬泉、雍归、新城、石城、长乐）之一，归义军曹氏政权时期，曾改紫亭镇为紫亭县，设置县令，驻有镇将。因为地理位置重要，因此其名称屡次出现在敦煌遗书及莫高窟、榆林窟题记里。巴黎藏石室本沙州图经残卷记载着紫亭镇至山阙峰道的里数。党城因位于党河上游东岸，故称党城。党城遗址应该与子亭（紫亭）镇有关，主要任务是驻守祁连山孔道。八世纪下叶，尚乞心儿率领大军围攻瓜州、敦煌时，吐蕃赞普曾驻帐野马南山，观战，可惜没有详细记载具体地址。

石包城古称寒江关，地处榆林河上源山间石包城盆地内，修建在悬崖峭壁之上，东西长约16公里，南北宽10公里许，现为肃北县主要农牧区，地势险峻，攻守兼备。古城址依小山冈地势而建，就地取材，用片麻岩、石灰岩垒砌，甚为坚固，四角筑有方形角墩，四墙各筑马面一座。城门向南开设，门前约20米处向东筑有一道短墙，可与东南角墩相连。短墙前又有半圆形瓮城残迹。城周遗留护城壕，壕沿用石块加白蜡砌成。如此复杂、重重设防的城门结构十分罕见，由此看出这座城池的重要性。石包城北有祁连山西段北麓支脉鹰嘴山与鄂博山之间的隘口——水峡口通道。向南约25公里有祁连主脉大雪山（海拔5 483米）与野马山之间的龚岔口，进入岔口向南越龚岔达坂可直通青海高原。唐代，吐蕃多次入侵瓜州，就走此道。尚乞心儿攻克敦煌后，将大节度府设在瓜州，只在敦煌派驻节儿施行管理，可以想象，吐蕃将水峡口通道看成可进可退的命脉。

总之，上述两大"路结"的七条支线，如同坚实桥墩，支撑起东西文化交流的桥梁。"玉帛之路"就是构成这座桥梁的主体和脉络。确认"玉帛之路"是丝绸之路前身，其路线大致与现代所谓的丝绸之路各条主次干道基本重合。考察活动中，我们以文献资料与考察实物为基础，结合史前文化遗址，直接或间接考察、调查了构成河西走廊路网的诸多道路。从2014年开始，计划每年举行一届"玉帛之路文化考察活动"，希望能够逐渐摸清这条大通道的细部真实，探索发现那些失落的和失载的历史隐情，并通过多重证据互相印证，还原这条4 000年华夏文明西部大通道的丰富性、多元性、复杂性和生动性。

◖ 8月3日，乌鞘岭，古浪，天梯山

8月3日早晨，天阴，从兰州出发，上G30高速，疾驰160公里，到打柴沟下高速，从安门镇转向312国道旧路，翻越乌鞘岭。

乌鞘岭东西长约17公里，南北宽约10公里，海拔3 562米，位于天祝县境中部，南临马牙雪山，西接古浪山峡，岭南有金强河与抓喜秀龙草原，岭北有被誉为"金盆养鱼"的安远小盆地。乌鞘岭属祁连山脉北支冷龙岭东南端，素以山势峻拔、地势险要驰名于世，东晋称洪池岭，明代称分水岭，清代称乌稍

岭、乌梢岭、乌鞘岭，民国时称乌沙岭，1945年以后通称乌鞘岭。据说"乌鞘"最初为突厥语"和尚"之意，后来藏语据此称"哈香聂阿"。

关于洪池岭，史书记载："洪池岭在卫东南，凉州之大山也。晋太元初，苻秦梁熙等伐凉。张天锡遣将常据军于洪池，为秦所败。隆安二年，羌酋梁饥攻后凉西平。秃发乌孤欲救之。左司马赵振曰：吕氏尚强，洪池以北，未可冀也。岭南五郡，庶几可取。乌孤击饥，大破之，遂取岭南五郡。岭，即洪池岭。五郡：广武、西平、乐都、湟河、浇河，皆在洪池岭南也。《唐志》：凉州有洪池府。又姑臧有二岭：南曰洪池岭，西曰删丹岭。后凉杨颖谏吕纂曰：今疆宇日蹙，崎岖二岭之间。是也。自删丹岭以西，谓之岭西。张氏以后，西郡、张掖、酒泉、建康、晋昌，皆谓之岭西地云。"

广义乌鞘岭包括代乾山、雷公山、毛毛山，最高峰海拔4 326米，是北部内陆河和南部外流河分水岭，也是季风区和非季风区分界线。主峰经雷公山、代乾山同祁连山东部主干山脉相接，向东经毛毛山、老虎山没入黄土高原。

在乌鞘岭东西两边山脚下分别有两座古城，岭北为安远，岭南为安门。安门古城依岭边地形而建于汉代，东西长130米，南北宽100米，城门向南，现存残墙已成为两米高土埂。安门古城紧靠汉长城，向西过河就是金强驿。汉代，长城之外为羌族，安门古城是为守护长城军队的住所。历史上东西往来的商旅征夫及游子使者交验文书才能通过。5月31日下午，我与徐永盛穿过砾石草滩、洪水冲刷的壕沟及安门古城残墙，上到山顶烽火台。那天风大雨急，很冷。今天也牛毛细雨，风也很凉。林则徐于1842年8月12日经过乌鞘岭，他在《荷戈纪程》中说："……又五里乌梢岭，岭不甚峻，惟其地气甚寒。西面山外之山，即雪山也。是日度岭，虽穿皮衣，却不甚（胜）寒。"今天是8月3日，而林则徐经过的时间当为阴历，大约到九、十月间，那时乌鞘岭的气候很冷了。

清末官员、地理学者冯竣光于1877年8月21日经过乌鞘岭，他在《西行日记》中详细记录行程和天气情况："……二十二里镇羌驿尖。忽阴云四起，飞雪数点，拥裘御酒，体犹寒悚。以经纬度测之，此处平地高与六盘山顶等，秋行冬令，地气然也。饭毕五里水泉墩。又五里登乌梢岭，岭为往来孔道，平旷易登陟。十里至山巅。"他提到了几个地名：镇羌驿和水泉墩。镇羌驿或为金强驿之讹音，水泉墩大概是乌鞘岭道路南边山上烽墩。

阴云低垂，迅速移动，想起庄子"翼若垂天之云"。古人文字，古代长城，古代烽墩，与冷峻的风霜雪雨共同衬托着乌鞘岭的肃杀气氛。我们循古道爬山，到山顶。马牙雪山为烟云笼罩，模糊不清。长城，烽墩也少了凌厉之气。若在晴日，马牙雪山如同奔腾的骏马，非常壮观。清代诗人杨惟昶赞美道："晶莹万丈屹奇哉，粉饰琼妆总浪猜，马牙天成银作骨，龙鳞日积玉为胎。冰心不为炎威变，珠树偏从冷境栽。试问米家传巧笔，可能长夏绘瑶台。"他还写了一首《乌岭参天》，可能当时的视点就在我们所处位置："万山环绕独居崇，俯视岩岩拟岱嵩。蜀道如天应逊险，匡庐入汉未称雄。雷霆伏地鸣幽籁，星斗悬崖御大空。回首更疑天路近，恍然身在白云中。"

蓍草颤抖，凉风浸骨。不可久留。匆匆转往风较小的西坡。一群白牦牛在路边吃草。汉长城残体就在路边。还有一段蜿蜒进入深山。

我们下车拍摄。一头大牛警惕而威严，注视，审视。忽然哼哧一声，做进攻状。

山坡下有几户人家，树木葱茏，古老，似乎诉说悠悠往事。根据地图显示，其地似乎名叫"南泥湾"。青稞地整齐，碧绿，旺盛。洋芋花洁白如玉。远处群羊，如同镶嵌在草坡上。下雨了。雷公山在烟雨中依然冷峻。

《陕西行都司志》曾有关于这段道路的记录："岭北接古浪界，长二十里，盛夏风起，飞雪弥漫。今山上有土屋数椽。极目群山，迤逦相接，直趋关外。岭端积雪皓皓夺目，极西有大山特起，高耸天际，疑即雪山矣。五里下岭，十五里安远，有堡城，地居万山中，通一线之路。"

继续下行，到安远镇。从这里有路通天祝县抓喜秀龙草原。安远镇曾经繁华，建有安远古城。《秦边纪略》记载，安远堡亦称打班堡，为凉州与庄浪分界，"且肘腋皆番，河山所隔皆夷，可可口诸番为夷编氓久夷"，周边都是少数民族居住，设立军堡，以长城为依托，通过烽火台与安门城相呼应，防止入侵，也为丝绸之路往来提供保障。

安门城与安远镇像两把钳子，辖制乌鞘岭东西两边，地理位置十分重要。

《新唐书》载，唐代在凉州设六府，在洪源谷南端今乌鞘岭一带设洪池府，控遏洪源谷。《大慈恩寺三藏法师传》载，玄奘法师西行求经，由长安经秦州等地到达兰州，取洪池岭道至凉州。据考证，洪池府就设在安远。因此，玄奘西行过乌鞘岭，必经安远镇。安远古城西北方可可口达坂下有一吐蕃所筑之城，俗称番城，至今犹辨其轮廓，为吐蕃所筑。向西过可可口，经抓喜秀龙通青海。两城相距10公里，应是当时两军对垒地方。无从考证番城毁于何时。安远古城在宋为安远砦，明为安远驿，清为堡，有驻军。宋时驻军在离安门古城10公里的马营城，安远古城遂弃，元、明、清各朝均未启用。

现仅存一面高 5 米、宽 3 米、南北长 180 米的残墙，可见当时规模。

有学者认为唐昌松县即安远。学界唐昌松县位置颇有争鸣。《元和郡县图志》凉州条云："昌松县，西北至州一百二十里"；《太平寰宇记》152 卷云，凉州昌松县"在州东南二百三十里"；谭其骧主编的《中国历史地理地图集》将唐昌松县绘在今古浪县西。严耕望先生认为在天祝安远镇一带。李并成先生认为洪源谷即今古浪峡，唐昌松县位置应为今古浪县城所在位置，并进而考得唐昌松县所属白马戍为县城东北"百五十里"的大靖镇古城头。但结合 701 年凉州都督郭元振有鉴于"凉州南北境不过四百余里，突厥、吐蕃频岁奄至城下"，"始于南境峡口置和戎城"的记载，说明和戎城与唐初已有的昌松县治必不在一处，即昌松县置必不在凉州南境峡口处；而安远镇正处在庄浪河谷与古浪峡谷中腰，又向东南行经松山牧场或经今古浪县横梁乡，皆约 70 公里左右均可到唐昌松县白马戍置古城头；向西行即为今青海互助县，可通向唐鄯州，这里设县防御吐蕃而维护东西大道的畅通应更为合宜。据《元和志》唐昌松县城就有军府"丽水府"，"丽水"即"逆水"，今庄浪河。《太平寰宇记》同条曰："乌逆水，一名逆水，今名丽水，源出县南金山。"表明唐昌松县城应在逆水河畔。因此，严耕望先生认为唐昌松县城"在今庄浪北百数十里，去武威二百余里"之推断应该合理。

沿着山畔道路走一阵，便到乌鞘岭北麓的黑松驿。庄稼已成熟收割，捆绑站立在土地上，如同士兵执勤。黑松驿古代曾称黑松堡，位于河西走廊东端，南接天祝安远镇，北邻十八里堡乡，东靠黄羊川乡，西依古丰乡，素有"古浪南大门"之称，因此古代曾在此设漠口城县。史载："漠口城（黑松驿），在卫西南。晋义熙四年，后秦姚兴遣其子弼等，袭秃发亻辱檀于姑臧，自金城济河进至漠口。"《地形志》："漠口（黑松驿）县属昌松郡，谓之昌松漠口，并为险要。"1953年，黑松驿陈家河台子发掘出一件东汉青铜圆筒形标准量器，铭文有"大司农平斛建武十一年（35年）正月造"，容积为19.6公升，略同于王莽新朝时期嘉量，现藏中国历史博物馆。1954年，兰新铁路文物清理组在黑松驿南约五里处、古浪河西岸台地上发现谷家坪滩新石器文化遗址。1973年至1976年先后在定宁公社朵家梁遗址土石祖、玉钺、蝉纹双耳彩陶罐，属于齐家文化。古浪境内马厂文化和齐家文化遗址还有裴家营乡老城遗址、高家滩遗址和营盘梁遗址、民权乡潘家咀子遗址、永丰滩乡王家窝铺遗址。这些遗址与武威皇娘娘台文化遗址、民勤沙井文化、永昌鸳鸯池和三角城文化都应该有关联。

雨中穿过黑松驿，即便陆上车水马龙，往来不绝，但古代沙场凛然杀气明显可感。

之后，就是十八里堡。明代长城自古浪十八里铺下山，沿古浪河东岸延伸，在天祝藏族自治县安远镇一带顺东山坡爬行。这一带长城墙体已风蚀坍塌呈土梁状，墙体上长满绿草，宛如飘带蜿蜒起伏，徐徐南下。十八里堡水库几近干涸，从路边俯瞰，古浪河在河床上冲刷出深刻弯曲的沟壑，令人心悸。

十八里堡往下就是著名的古浪峡。祁连山东端山脉连绵起伏，像几万头大象拱在一起，首尾相连，将古浪峡——这块狭长地带塞得满满当当。四千多年前这里就有人类活动，夏朝、商朝和西周时期，其地生活着西戎民族，大小月氏也在此驻扎、生活过。

史载凉州六谷，后唐至五代时期，凉州土著以此为基地形成"六谷部"，并建立了"六谷蕃汉联盟地方政权"，《宋史》称为"西凉府六谷族者龙十三部"，自治凉州达数十年。六谷中的洪源谷就是古浪峡、古浪河谷。古浪设县在汉代。汉武帝在河西走廊建立郡县治理，古浪县境内设立苍松县，属武威郡管辖，这就是古浪有地名和县名的最早记录。西汉取名"苍松"，可想当时这里山大谷深，到处都是"云树苍茫迷客路"景观。黑松驿、苍林山、小林子等地名与树木有关。后汉作仓松。晋沿袭。367年，凉张天锡击李俨于陇西，分遣前军向金城、左南白土诸郡，自将屯仓松。《志》云：张氏置昌松郡。后凉吕光改为东张掖郡。后魏复置昌松郡。后周郡废，为昌松县。隋开皇初，改县曰永世。后复曰昌松，属凉州。607年，李轨据河西。薛举遣将常仲兴击之，战于昌松，仲兴败没。唐亦曰昌松县，仍属凉州。乾元以后，陷于吐蕃。宋时，夏人置洪州于此。

古浪峡位于河西走廊东端，南连乌鞘岭，北接泗水和黄羊，是祁连山冷龙岭山脉的组成部分，在上古造山运动巨大影响下，形成一条30公里南北延伸、蜿蜒曲折、势似蜂腰、形若锁钥的高山峡谷，两面峭壁千仞，中为险关隘道，峡谷最宽地方不过一里，最窄处仅仅有数十米，史有"秦关""雁塞"之称，被誉为中国西部的"金关银锁"。唐朝称"鸿池谷"，也叫"洪池谷"。《五凉志》称"此地足资弹压，诚万世不可废也"。昔人又称此峡为虎狼峡。清人张美总修《古浪县志》描述此峡是"峻岭居其南，岩边固其北。峡路一线，扼甘肃之咽喉。河水分流，资田土之灌溉。近而千峰俱峙，远则一望无涯。"清初古浪知县徐思靖赋诗《危岩坠险》赞曰："蜀道之难过上天，我今独立秦山前。崖崩石坠不可数，鸟径插天天与伍。谷中仄道车马通，盘旋百折如游龙。山下滩声险成吼，一夫当抵万夫守。"明指挥王国泰曾题"山川绝险"四字于滴泪崖。史家称"河西之战十有九战于古浪，古浪之战，十有九战于古浪峡"。

洪源谷发生战事很多,史书记载的有:

传说霍去病与匈奴为争夺河西走廊,多次率兵在这里厮杀。

东晋兴宁元年(363年),前秦大将李俨等率军队占据陇右,前凉王张天锡派杨通为监事锋军事、前将军,前去金城;掌琚为使持节、征东将军,向东南进发;游击将军张统从白土出发;张天锡自率3万人马到苍松,讨伐李俨。两军激战,李俨大败,便入城固守待援,并派儿子李纯向苻坚求救,苻坚派将军王猛救援。王猛率援军与张天锡交锋,张天锡不敌王猛,大败,死者十分之二三。太元元年(376年)五月,苻坚派姚苌与武卫将军苟苌、左将军毛盛、中书令梁照等率军13万大举攻前凉。同时派尚书郎阎负、梁殊为使臣,随军前进,征召张天锡来长安,命令大军进至西河(甘肃境内黄河)时,暂时控置于该地区,仅使臣先去凉都,如张天锡违命,则立即进攻。另命秦州刺史苟池、河州刺史李辩、凉州刺史王统,率三州兵为后继。七月,前秦使臣姚苌与苻坚至姑臧(今甘肃武威),张天锡杀使臣拒绝投降,令龙骧将军马建率军2万至杨菲(永登西

图6.3 乌鞘岭上的汉朝"壕沟长城"遗址

北)一带抗击秦军。八月，前秦军开始进攻，苟苌先遣扬武将军马晖、建武将军杜周，率军 8 000，西出恩宿（甘肃永昌南），截张天锡逃走之路。姚苌、梁照、王统及李辩部从清石津渡黄河，进攻河会城（黄河与湟水汇合处），前凉骁烈将军梁济战败投降。十七日，苟苌由石城津（兰州西北）渡黄河，与梁照等部会攻缠缩城（永登南），克之。马建惧，白杨菲退守清塞（古浪境）。时张天锡已又派征东将军常据率军 3 万进驻洪池岭，自率军 5 万屯金昌（永昌北）。姚苌奉苟苌之命率 3 000 人为前锋进击马建。二十三日，马建率万余人降，余兵溃走。二十四日，苟苌攻常据于洪池，常据兵败自杀。二十六日，张天锡再派司兵赵充哲率军抗击，与前秦军战于赤岸（武威东南），又大败，被歼 3.8 万，赵充哲战死。张天锡出金昌城迎战，城内发生叛乱，遂率数千骑兵逃回姑臧。二十七日，前秦军至姑臧，张天锡出降，前凉灭亡。符坚设置苍松、揖次（古浪土门）两县，建立政权达 10 年之久。

唐朝时，论钦陵死后，其子噶尔·莽布支（汉文文献称为论弓仁）和其弟弟赞婆率部七千余帐投奔武周，被安置于凉州洪源谷以防御吐蕃。

699 年（圣历二年），唐休璟调任司卫卿，兼凉州都督、右肃政御史大夫，持节陇右诸军州大使。700 年（久视元年），吐蕃大将麹莽布支攻打凉州，兵至洪源谷，打算围攻昌松县（武威东南）。唐休璟率军迎击，他见吐蕃军衣甲鲜盛，对部将道："麹莽布支麾下都是些贵族子弟，虽然看起来强盛，但是不通军事，你们看我破敌。"随后披甲上阵，跃马冲杀，六战六克，并积尸做京观。702 年（长安二年），唐休璟入朝被提拔为右武威、右金吾二卫大将军。吐蕃遣使来请和，因宴屡觇休璟。则天问其故，对曰："往岁洪源战时，此将军雄猛无比，杀臣将士甚众,故欲识之。"则天大加叹异。

敦煌写本《住三窟禅师伯沙门法心赞》中记载禅师伯沙门法心参加归义军收复凉州会战之后,于凉州南洪源出家,后西归敦煌莫高窟119窟,雕碑刻铭。经考证,敦煌归义军与唐朝在凉州节度使权力上博弈失势,张议潮于咸通八年(867年)入朝,法心遂即出家。由此推测法心可能是一位武将,也可能是文士。他在洪源出家,证明这里应该有寺庙,不知是不是香林寺?

另有资料记载,北宋在凉州设西凉府,但鞭长莫及,实际由六谷蕃部酋领潘罗支控制。六谷部同宋朝廷关系较好,受宋朝资助以抗西复,宋朝曾资助重修洪源谷大云寺。由此可见洪源谷佛事也很兴盛。铁柜山对面山畔有香林寺遗址,清代张美如《古浪峡中口占》赞曰:"城南三十里,崎路尽羊肠。草挂阴崖短,花开瘦石苍。此间无旷地,何处展斜阳。薄暮寒烟起,奔驰马足忙。"1918年重修,现在只有一个亭子和刻写"香林晨钟"的石碑。

洪源谷还流传着杨门女将故事,不管是否符合史实,但能折射出这里战事频繁惨烈。

沿着古浪河边的312国道,看见峡口,"流水声中到古浪"。

2011年7月24日中午,我参观完民勤瑞安堡,民勤县委宣传部张永文副部长送我到古浪。该县明初以水名"古尔浪洼"(藏语,意为黄羊沟)。25日,考察和戎城故地及古浪峡。古浪县城所在地又名峡口,古来为兵家必争之地。有些学者认为汉朝昌松城在这里,而有些学者则认为凉州都督郭元振701年在凉州南境峡口置和戎城,才开始有行政建置。古浪宣传部副部长丁国文与时任古浪县办公室主任王子藩(现为古浪县文新局局长)陪同我登上古龙山,俯瞰全城,东边是自乌鞘岭而来的古浪河谷，西边是自青而来的柳条河谷，柳条河谷是青海与河西走廊相通的又一条古代通道，在和戎城、昌松城故地与古浪峡交汇。从龙山上俯拍峡口，一目了然。由此外北，一马平川，可通武威、景泰等地。清代诗人丁盛《咏古浪》："开源从汉始，辟土自初唐；驿路通三辅，峡门控五凉；谷风吹日冷，山雨逐云忙；欲问千秋事，山高水更长。"

参考学者对昌松县址的各种观点，结合我近年对乌鞘岭的考察，我赞同严耕望观点，亦即在天祝安远镇。汉朝设县，意在防御，而非拓垦，必然选择"一夫当关，万夫莫开"的险要位置，从西汉当时的形势来看，安顺地利环境较之峡口，更利于攻防。从地名来说，西汉设县之初名为"苍松"，安远镇更适合。

郭元振设置和戎城之后，唐朝的战略防御重心转移到凉州。唐睿宗景云二年（711年）四月，唐朝撤贺拔延嗣凉州都督，充河西节度使，官署治凉州城，统辖凉州、甘州、肃州、瓜州、沙州、伊州、西州等7州军政大权。贺拔延嗣曾官度支郎中、右金吾将军，是唐朝任命的第一位河西节度使。

从乌鞘岭进入河西走廊，除了我们本次走的洪源谷道，还有其北边的"大靖——土门道"。习惯上，学者将洪源谷道称为丝绸之路中道；称"大靖——土门道"为丝绸之路北道。

大靖、土门是乌鞘岭西侧的两个著名古镇。汉武帝时期在大靖设置朴环县，商贸活动活跃。明万历二十七年（1599年），甘肃巡抚田乐、总兵达云等集兵万人打败阿赤兔，收复其地，改为大靖。据史料记载："民户多于县城，地极膏腴，商务较县城为盛。"

土门镇位于古浪县城东北30公里的洪积扇平原上，汉元狩二年（前121年）设揟次县，太初四年（前101年）属武威郡。公元8年，王莽改武威郡为张掖郡，揟次属之。25年，东汉复置武威郡。魏文帝曹丕设置凉州，治姑臧，在古浪设苍松、揟次、朴环三县，属武威郡。北魏揟次县属昌松郡。557年，北周并入昌松县。明初，称该地为哨马营，隶古浪守御千户所，正统三年（1438年）六月，巡抚都御史罗亨信始改为土门，万历二十六年（1598年）筑堡。

揟次县名昭示了民族地区取名特色。《汉书·地理志》云"武威属县揟次。"揟，《集韵》新於切，音胥，《说文》取水沮也。从字面上看，似乎与水有关。王子藩认为揟次为匈奴语"居次"讹音，匈奴称公主为"居次"。存此一说，待考。

乌鞘岭中的白山戍道在此一提。清人顾祖禹所撰《读史方舆纪要》（原名《二十一史方舆纪要》简称《方舆纪要》，是古代汉族历史地理、兵要地志专著）说："白山在卫北二十里。多草木禽兽。土人呼为析罗漫山。"南北朝时期，北魏、西魏、北周先后在古浪置昌松郡、魏安郡，分别辖昌松、揟次、莫口、温泉、白山等县。《新唐书·地理志》载，凉州昌松县有白山戍。元朝称白山为"扒里扒沙"（天上的街市）。《元和郡县图志》又称："白马戍，在县东北五十里。"据李并成先生考证研究，今古浪县城东北方向70公里许大靖镇北1公里、大靖河出山口处有故城头，就是位于丝绸之路东西、南北交往丁字路口的白山戍。故城头向西通凉州，向东经唐新泉军治所，直抵乌兰关黄河渡口。这也是古代西渡黄河后通往凉州的丝路北道。另外大靖河发源祁连山东端毛毛山北麓，逶迤北流，草茂林深，谷地狭长，为天然通道。河谷南行，通庄浪河谷，西与青海连通，成为羌蕃北来之孔道。

出了乌鞘岭，进入河西走廊。

中午，在黄羊镇用餐。下午1点整，与徐永盛、冯旭文、袁洁、小段同往天梯山石窟。南行，入山，上坡，行约四十分钟，到张义盆地,黄羊河水库。管理处主任卢秀善主任、胡鼎生、赵旭峰陪同。卢秀善1998年毕业于西北师大历史系。胡鼎生2010年7月陪我参观过天梯山、金刚亥母殿、南营河弘化公主墓和百塔寺,现在任天梯山石窟文管所副所长。

天梯山石窟也称大佛寺,位于武威城南50公里处,地处中路乡灯山村,创建于东晋十六国时期的北凉。天梯山陡峭峻拔,高入云霄,道路崎岖,形如悬梯,故称天梯山。山巅常年积雪,"天梯积雪"为凉州八景之一。乾隆《武威县志》:"大佛寺,城东南一百里,有石佛像,高九丈,贯楼九层,又名广善寺。"《法苑珠林》等佛教经籍中也有相关记载。

图6.4　天梯山石窟

天梯山石窟是我国早期石窟艺术的代表,被北京大学原考古系主任、中国著名石窟专家宿白教授称为"石窟之祖"。据有关史料记载,天梯山石窟是北凉王沮渠蒙逊于公元412—439年之间在天然洞穴基础上创凿。东晋元熙八年(412年)十月,蒙逊由张掖迁都于姑臧,称河西王,设置官署,修缮宫殿,建起城门诸观,同时召集凉州高僧昙曜及能工巧匠开凿天梯山石窟,大造佛像。不久其母车氏病逝,特在窟中为其母雕凿一尊5米高石像。此窟的开凿,引起佛教界注目,使西域高僧接踵而至,他们在凉州讲经说法,翻译佛经,使天梯山石窟更具盛名。

史载439年北魏灭北凉,结束河西地区140余年割据局面,曾经盛极一时的凉州佛教及艺术受到重创,凉州僧人纷纷外流。北魏从姑臧迁宗族吏民3万户到平城,其中僧侣3 000多人,他们是"凉州模式"的创造者,推动了北魏佛教文化艺术的发展。迁往平城的工匠、僧人里不乏高僧法师。据《释老志》和《世祖纪》《高祖纪》记载,凉州僧人师贤到平城后任道人统(管理宗教事务的官职),于452年建议并亲自主持建造帝王化佛教石像。460年,师贤去世,凉州高僧昙曜继其职,改道人统为沙门统,继续主持造像工作。《魏书·释老志》记载,魏文成帝拓跋睿和平年间,凉州僧人昙曜主持开凿石窟五所,即第16到20窟,其中第五窟大佛是云冈石窟最宏伟的雕像与代表作。后经历代开凿,云冈石窟雕造富丽,成为中国最大石窟群之一。之后陆续兴建,前后历60年,无数雕塑家在53个洞窟里雕刻佛像、飞天等。这些宏大精美雕塑是雕塑家们智慧和艺术才华结晶,凉州僧人及工匠起了极其重要作用。北凉与北魏是源流关系,即北凉为源,北魏为流。太和十八年(494年)北魏孝文帝迁都洛阳之后,又开凿驰名中外的龙门石窟。龙门石窟建造艺术风格无不体现着天梯山石窟和云冈石窟特点,具有强烈的南朝文化与中原传统汉文化色彩,又有浓厚的北方文化因素。从那时起历经东魏、西魏、北齐直至明清,营建规模宏大的龙门石窟群,同时还开凿巩县石窟和附近几座石窟。

此外,北魏时期部分僧人向西迁往敦煌等地,促进敦煌佛教兴盛,并推动河西石窟文化发展过程中的第二个高峰——敦煌石窟文化的迅速发展。史料记载莫高窟始创于前秦建元二年,即前凉升平十年(366年),炳灵寺石窟169号的题记是420年,天梯山石窟创建于412—439年。从年代上看天梯山石窟比莫高窟迟一些,与炳灵寺石窟基本相当。但这两个石窟尤其是莫高窟影响非常大,一提石窟,必称莫高窟和云冈、龙门。但北魏时期莫高窟并不有名,也没有对云冈、龙门产生直接影响,反而是凉州僧人及其天梯山石窟,声名显著,对莫高窟和敦煌佛教发展产生过影响。莫高窟虽为中国内地最早的石窟艺术开创地,但它正式开窟建寺的时间从420年北凉灭西凉之时算起。莫高窟开凿盛期是北魏孝明帝时(516—528年),而这已经是天梯山石窟开凿100年以后的事。

因此,天梯山石窟称为石窟之鼻祖是当之无愧。

天梯山石窟虽地势险峻,但蕴藏丰富。石窟里面有北魏、隋、唐时期的汉藏手写经卷,唐初绢画菩萨像,唐、五代、西夏(宋)、元、明、清各代塑像、壁画、经卷等。因历代战乱,加上自然灾害频繁,石窟残损严重。1959年,修建黄羊水库,甘肃省将天梯山石窟壁画、塑像等全部迁移到甘肃省博物馆。1992年,国家文物局主持召开专家组会议经论证,按照不可移动文物尽可能在原址、原位保护的原则,批复在原址、原位修复天梯山石窟文物。1993年,省政府办公厅批复同意在原址、原位进行修复。2005年12月24日,甘肃省举行天梯山石窟文物交接签字仪式,标志着文物正式回归武威。

下午,溯黄羊河而上,经哈溪、牛路坡,到直沟河,未抵双龙沟。据说这条路可以通往青海。我们遥望一阵,返回,考察张掖城,唯有学校中的一段城墙。唐朝文献记载河西有"张掖守捉"。《通典》与《元和志》都说张掖守捉(《通典》为"张掖郡守捉")管兵六千五百人,旧唐书及《通鉴》胡注皆云"管兵五百人"。《通典》和《元和郡县图志》指的是"张掖郡守捉",

即《大唐六典》所载"甘州守捉"治在张掖城；而旧唐书与《通鉴》所指"张掖守捉"为吐蕃出入河西的"五大贼路"之一，当时管兵五百人镇守。史念海考证说："西汉时，武威郡有张掖县，张掖守捉当设于张掖县的故址……张掖守捉的故地当在昌松县西南，乌逆水之北。这里还在凉州和鄯州之间，当为当时两州间的大道所经过的地方。……凉州城南25里处有天梯山……天梯山和张掖守捉都在姑臧南山之北"。可以证明唐张掖守捉在今武威南境祁连山麓，约今张义堡一带，古代河西凉州通青海地区道路经由此守捉。737年，孙诲、赵惠琮矫诏令河西节度使崔希逸击吐蕃，"希逸不得已，发兵自凉州南入吐蕃境两千余里，至青海西，与吐蕃战，大破之，斩首二千余级，乞力徐脱身走。"崔希逸行军应走此道。

史载北凉王沮渠蒙逊伐西秦所属西平，也应该走此道。428年六月，沮渠蒙逊乘秦丧领兵攻西秦西平（青海西宁），西平太守麴承许诺北凉军若攻下乐都，愿请降。北凉主遂转攻乐都，后谈和。十二月，沮渠蒙逊率众再攻西秦，至磐夷，西秦相国元基等率1.5万骑抵抗。沮渠蒙逊还攻西平（今青海西宁）。429年正月，攻克，俘太守麴承。

傍晚，太阳下山，凉气袭来。与卢秀善、赵旭峰、胡鼎生等在张义镇共进晚餐。赵旭峰唱宝卷、花儿、贤孝、货郎歌，等。文化信息量很大。辞行，夜深出山谷，见城市灯火，星星点点。到平安里宾馆，已夜深，九点多。

☰ 8月4日，冷龙岭，西营河

早晨7点起床，用完"三套车"，沿312故道向西出城，行约八公里,至西营镇,转向南,山地越来越窄,首先到西营河水库,然后进山。

西营河源出青海省门源县东部冷龙岭北麓,主干流宁昌河,支干流水管河,支流从东北往西南起有土塔河、响水河、龙潭河、驼骆河、青羊河,平均海拔3 312米。主干流宁昌河在肃南县铧尖乡水关口处汇合始称西营河,流经西营镇入四沟咀西营河水库,往东北流10公里经西营河渠首引入总干、五干渠,全长约80公里。总干渠分四条干渠,五干渠下分二坝支干渠,东通石羊河,北接东大河。老河道分割成两条主河道,东南侧为清水河,流入海藏河;西北侧为五坝河,流入南沙河,汇入石羊河。

不知走多少峡谷,转多少弯,汇入多少支流,终于到一高坡,又一高坡,盘绕,急转,终于到一河谷,河之尽头,乃是巍巍雪峰,状似莲花,开在天边。惜两座山峰雪全无,唯留残迹。羊群几处。草甸秀绿。奇石惊诧。几道水迹,从四面潺潺流不,汇入主流。主流最美,从峡底蜿蜒爬坡,伸向雪线。雪面洁白如玉,如神,如梦。

冷龙岭长约200公里,宽30～50公里,山峰海拔多为4 000～5 000米,是祁连山脉东段第一山,当地人称老龙岭。其山日光映雪,雾呈紫色,又名"紫山";又因顶峰冰川、积雪终年不消,每当夕阳西下,晚霞轻飞,晶莹白雪熠熠闪光,时呈殷红淡紫或浅黛深蓝,如玉龙游于花锦中,变化无常,称"冷龙夕照"。冷龙岭西起扁都口(金瑶或锦羊、景阳岭,海拔4 353米),东止乌鞘岭(得泉山,海拔4 303米),横亘在青海门源县北部和甘肃武威、金昌交界处;西有黑河峡谷将它与走廊南分割,东部支脉乌鞘岭则将刊哇山导向漫漫黄土高原。冷龙岭最高峰岗什卡海拔5 254.5米,剑峰摩天,巍然屹立于门源县青石嘴以北,时而蓝天白云,银光熠熠,时而狂风大作,天昏地暗,有时雪崩暴发,龙吟虎啸,飞雪漫卷,瞬息万变,玄奥莫测。明洪武年间西平侯沐英和西征将军邓愈曾追羌至此。次峰海拔5 007米,位于门源县西滩乡老龙湾村北部。冷龙岭海拔4 500米以上山峰多发育现代冰川,共244条,因亘古冰川融水,其南坡形成多处阶梯状分布的海子、高山瀑布和时潜时明的河流。

冷龙岭因其神秘高耸,古代曾与昆仑山、西王母有关。冷龙岭山下灌林密布色呈青黧,古羌语称"闷摩黎山",在广大华热藏区崇拜的十三大山神中被尊为第一神,享有"阿弥岗什卡"(意为老爷雪山)之盛誉,每年农历八月十五日隆重奉祀岗什卡山神,请喇嘛诵经,举行赛马、摔跤、射击等活动。祭祀方式奇特,用纸糊制高1.5米、长3米的大鸟(藏语称为"夏杰强琼",意为百鸟王)登高放飞,纪念西王母及其青鸟使者——《山海经·大荒西经》记载"西有王母之山……有三青鸟,赤首黑目",郭璞解释说:"这三只青鸟都是王母之使者。"史载,345年,酒泉太守马岌对前凉张俊说:"酒泉南山即昆仑,昔日周穆

图6.5 冷龙岭

王西征昆仑,会西王母于此山,西王母虎身豹尾,人面虎齿,全身皆白,居雪山洞中,此山系古昆仑支脉,宜立西王母祠,以禅朝廷无疆之福。"张俊同意,马岌立王母祠于岗什卡山上,命名"昆仑"。有学者认为唐穆宗长庆年间(807—821年),大理卿刘元鼎做会盟使出使吐蕃时曾登临此山。刘元鼎路过龙支城(青海乐都),进入黄河上源"闷摩黎山"。据吴景傲《西垂史地研究》考证,闷摩黎山即今巴颜喀拉山。途经乐都时,有上千名老人沿路拜泣,自称为当年被俘唐军,问当今天子安否,"子孙未忍忘唐服,朝廷尚念之否? 兵何日来?"即便冷龙岭也被称作"闷摩黎山",根据刘元鼎当时心情及出使路线,不大可能专程绕道登临冷龙岭。刘元鼎著有《使吐蕃经见纪略》。

我们在冷龙岭下的河谷流连许久,爬上山坡,在路边午餐。

之后,车绕行上坡,到一湖处,几与雪峰平望。

单程130公里。下午5点,返回武威,参观雷台博物馆。

武威是多条道路会集之地。东边有乌鞘岭道、丝绸之路北道。南面穿越祁连山通青海的道路,自东向西,依次为:安远—天祝—西宁,古浪县城威戎堡道、黄羊河张义堡道、西营河道。北道主要穿越戈壁沙漠,主要有顺石羊河而下直抵青土湖,转接草原道的大路。

此次考察,黄羊河、西营河两大河流古道。沮渠蒙逊打乐都,即走此道。而西营河道山高谷深岭多,通行较难,古人穿越,非不得已者不为也!

四 8月5日,焉支山,山丹大佛寺

山丹大佛寺,北魏初建,多次毁于战火,明朝重修。最后一

图6.6　焉支山

次毁于文革。背依瞭高山,俯瞰山丹河,面对龙首山,遥望焉
支山。为丝路蜂腰处一佛教圣地。

　　是日晨自武威往山丹。途经永昌。东大河谷连通夏日塔
拉草原与河西走廊,我曾走过。据说皇城草原往北,有路通青
海。东大河的上源区就在冷龙岭主峰岗什卡。

　　大佛寺之东约五公里,有发塔,曾出土石函,有头发。原塔
址在医院处,现为迁建。

　　焉支山的路,有两条:或经陈户,或经霍城。其中霍城与
霍去病屯兵养马有关。下午三点出发,约一小时,抵达。山口
两边山上时见烽火台。

　　有一首匈奴人的古老歌谣唱道:"失我祁连山,使我六畜不
蕃息;失我焉支山,使我妇女无颜色。"焉支山只是祁连山众

多山脉中的一座,频繁地出现在古代诗歌和政治舞台上,因为它代表了祁连山秀丽迷人的一面。焉支山又名胭脂山,位于山丹县城东南40公里处。隋大业五年(609年),隋炀帝西行,看见焉支山林海松涛,云蒸霞蔚,是天造地设的自然宫殿,便选择此处谒见西域27国使臣。如此美丽的地方一旦失去,谁都会伤心欲绝。

实际上,使匈奴妇女痛失颜色的,仅仅是山中生长着的一种株叶淡绿、花瓣雪白的"焉支草"(又名凤仙草),是上等颜料,莫高窟壁画中就有焉支草的成分。匈奴妇女取焉支草为胭脂,浓妆艳抹,尽显风流。李白在《幽州胡马客歌》中写到:"虽居焉支山,不道朔雪寒。妇女马上笑,颜如赤玉盘。翻飞射鸟兽,花月醉雕鞍。"

也有学者说焉支非胭脂,是匈奴语,其意失考。

周多星局长说,焉支山有长城通往扁都口,为山丹最南防线。晚上与赵万钧联系,得知他从山丹军马场古代平羌口山谷下来,还有三十多公里到永昌,晚上赶不回高台,打算在山丹长城边宿营,明早再回。

平羌口,就是窟窿峡,也是通往青海的古道,其河为西大河。

我们考察了山丹大佛寺。

自古而今,若有人自东而西穿行河西走廊,都会经过祁连山与龙首山在山丹挤压形成的一段蜂腰地带,焉支山横亘中部,如同巨大的战国时期出廓式玉璜,本来气度非同一般,加之匈奴人撕心裂肺的传唱,就名扬天下。匈奴人被驱逐出河西走廊后,紧接着,汉王朝修筑了从永登到敦煌以西的汉长城。至今,汉长城残址仍以山丹境内最具代表性。除了焉支山、汉长城,山丹还有另外一张名片:那就是举世闻名的军马场。

这是近年来人们对山丹的大致印象。因此,大多数人提起初建于北魏（约公元425年）时期的大佛寺，很容易与张掖西夏国寺混淆。武威天梯山石窟、张掖西夏国寺、山丹大佛寺都有巨大佛像——分别为站佛、卧佛和坐佛，民间都称"大佛寺"。三座"大佛寺"中，武威天梯山石窟开凿最早，张掖西夏国寺最迟，有关它们的史料多；唯独山丹大佛寺鲜有记载，几乎淹没在历史云烟中。玄奘东归应该不会绕过这座地处龙首山对面的寺院，或许还在寺中驻留诵经，但不知为何，那位高僧大德在《大唐西域记》中不著一字。

大佛寺当初前依今山丹县城西5公里处的嶂高山势而建，前几级直接削山体为台基，外修高耸飞檐的木楼。后来毁于战火，无法考证具体时间。明朝开始，对修建、重修过程记述颇为详尽。据旧志有关碑记记载，明朝初期就有寺宇和高大土佛。明朝宣德年间（1426—1435年），太监刘永诚监镇甘肃，后归朝述职，奏请明英宗朱祁镇特赐额"土佛"，寺院由此得名"土佛寺"。明正统五年（1440年），太监王贵监镇甘肃，特请高僧智莹（号秀峰）住持，并令山丹卫拨给常住田五十亩以助香火。佛教大师、僧会司（明朝主管地方佛教事务的机关）都纲（僧会司主官）沙加舍特"给经符牒"，又感叹寺宇朴陋，请求山丹卫指挥杨斌、指挥佥事彭智等军政官员，倡导重修，工程始于正统六年（1441年）春，历时两载，次年底告竣，依山塑13丈坐佛，又建成五级楼阁、殿宇、山门、法堂、廊庑、厨亭等，规模空前。景泰六年（1455年），山丹卫指挥使张熊又出资装修寺院；山东滨州训导陈敏谪戍河西，应智莹大师请求写《重修土佛寺碑记》。明代河南汝南进士吴同春在甘肃任职时曾到此游览，咏《山丹土佛》："大觉当年度众人，却于天半化金身。耳通潮汐闻空梵，目耀星辰照法轮。世界相乘魔外影，因缘流转劫中尘。本来无处能容物，丈六须知不足真。"诗前小

图6.7　山丹大佛寺　　　　　　　图6.8　山丹发塔

序说："山丹西十里堡(即清泉堡)有土佛、坐倚山,高十三丈。
耳可容人,指甲阔尺余,以五级阁卫之,亦伟矣! 余过此题其
额曰'虚无法像',字经二尺。因为言纪其事。"史诗俱佳。万
历九年(1581年),甘肃巡抚侯东莱巡视山丹,捐巨资缮葺寺
院。万历二十一年至二十八年(1593—1600年),右军都督同
知王允中(山丹籍人)将军捐巨资重新修。崇祯十六年(1643
年)十二月,李自成部将辛恩忠攻占山丹时严重毁坏土佛寺。
清朝雍、乾时期数次修缮,当地人易名大佛寺。至同治年间
(1862—1874年),战事频繁,又一次毁于兵火。光绪年间,安
徽泾县进士查之屏出任山丹知县,率先捐俸银两千贯,号召士
民重建,工程始于光绪十三年(1887年)春天,次年底告竣。甘

肃提学使秦澍春奉钦命视学河西,应查之屏之请撰《重建大佛寺碑记》。查之屏书法精湛,亲书"仰之弥高"匾额悬于大雄宝殿。1971年,千年古刹大佛寺再遭毁坏。1992年开始,住持释觉慧在香港宝莲禅寺著名佛教活动家圣一大师支持及捐助下,对山丹大佛寺进行重建。1998年开光。

　　2015年8月5日,我们慕名而来,拜谒历经沧桑、重焕佛光的大佛寺。其时,寺前地势平坦,田野里金黄色的大麦小麦已经收割打捆,小茴香及其他庄稼还葳蕤生长,一派生机。村民恬然自乐,寺内游人散淡。大佛寺静静坐落在瞭高山下,由大青石条铺就的台阶拾级而上,到山门,但见"大佛寺"三字神韵非凡,似乎超然诉说纷繁历史中的慈悲大爱。进山门,两旁天神雕像栩栩如生,院内古树林立,肃穆庄严。天王殿弥勒菩萨、韦驮菩萨及四大天王象征风调雨顺,寓意吉祥。

　　大雄宝殿为琉璃瓦盖顶的七层全木质楼阁,廊檐飞悬,光彩夺目。宝殿内供奉释迦牟尼坐像高35米,是全国最大室内泥胎坐佛。全身金镏彩绘,盘坐莲花坛上,丰满端秀,神态自然,一手垂放于膝,一手抬起,手、足、胸及面部皆用纯金箔贴面,金光熠熠,威严庄重。大佛莲花座内有名曰"关煞洞"的通道,可以躬身穿过。

　　大雄宝殿前面两侧是五百罗汉殿,又称"罗汉堂",分为南北二殿,共有五百尊罗汉,或坐或立,或思或笑,姿态各异。山丹有数罗汉习俗,每年农历四月初四,风和景明,游人如织,礼佛,数罗汉。

　　寺院北侧观音庙是以"童子拜观音"为主体的"十八罗汉、五十三参海岛"立体彩色雕塑,分为天、地、海三层。最上层"三十三天"形容枯槁、瘦骨嶙峋的佛像是释迦牟尼成佛前苦修状态,最下层为"海",西侧为来自南海朝拜观音的十八罗汉。中间观音脚踩鳌鱼,独占鳌头。此外,还有地藏王菩萨殿和娘娘庙等。近年来,山丹县建成千佛殿、滴水观音铜像、七孔牌坊、九龙沐太子等,晨钟暮,安静祥和。

山丹大佛寺已成国家4A级旅游景区,国内外游客纷至沓来,与隋炀帝西巡时在焉支山举办国际博览盛会遥相呼应,再显丝绸之路文化交流、友好、互通、合作的永恒精神。

在向山丹文化局局长周多星等朋友了解大佛寺历史及现状时,偶然发现城中屹立于青青庄稼地边的一尊古塔,经询问,得知为隋朝敕建十九座佛舍利寺院(寺塔)之一的迁建建筑,原址在现医院,当年曾出土擦擦及石函,石函中有头发,是故称"发塔"。这既是又一个文化悬念,也印证了大佛寺的深厚文化底蕴。

五 8月6日,平山湖丹霞

上午,从山丹艾黎大酒店出发,行大约六十公里,下高速,汽车出张掖城区,过四善桥、新墩镇流泉村、黑河湿地,一路向北,经张靖(张掖—靖安乡)公路12公里半,向北行驶7公里,就到达人祖口。山坡上立着一块碑:《汉长城遗址》。回望张掖绿洲和祁连雪山,我们不由得吟诵罗家伦诗《咏五云楼》:"绿荫丛外麦毵毵,竟见芦花水一湾。不望山顶祁连雪,错将张掖认江南。"

人祖口位于张掖北人祖山断裂处,既是军事要隘,又是丝绸之路北线之附线张包(张掖—包头)驼道隘口,中原的布匹、棉花、生铁、铁器和内蒙古地区的药材、食盐等物资从北京、呼和浩特,经今阿拉善盟、阿拉善右旗、平山湖、出人祖口运往张掖，又将张掖的驼毛、羊绒、良马、农作物等经人祖口运往内蒙古各地。进入山谷不久，便到山南关和城儿沟城。山南关是张掖等进入平山湖地区的重要关隘，《明史·地理志》记载："东北有人祖山，山口有关，曰'山南关'，嘉靖二十七年置。"

三关之后，山谷逐渐开阔。河谷两边山上时见烽火台及古城堡。距平山湖大峡谷54公里。途中遇两处越野车赛道，误入，几乎陷车。三关之后，山谷逐渐开阔，翻过彩龙岭，便是苍茫无边的荒漠地带，多灰柴类植被。因此，驼群也较多。平山湖为蒙古族自治乡，属张掖。一青年牧驼，汉族。驼毛卖了，够摩托车油钱。驼羔，成驼卖了，年收入五六万元。问清路，继续北行，终至景区。在东大山北部脚下，果然震撼！亿万年的漠风吹蚀，形成造型奇特壮观的红色大峡谷，由此北望，云气如山，老古渺茫，加之烽火台点缀，令人感喟！

问清路，穿过一段美国西部大片中经常可见的荒原，终于到达平山湖丹霞地貌景区。高峻魁伟的东大山横亘天际，丹霞景区就在其北部脚下。换乘坐景区观光车，沿缠绕在低缓山丘间的道路爬坡。开始，满眼尽是荒山丘陵，只有东大山高耸云端，气势轩昂。明代诗人郭绅诗赞东大山美景曰："边境名山势插天，二三幽洞几千年。半山滴翠深秋雨，一壑苍摇薄暮烟。室有金容仙迹古，门无玉钥藓苔鲜。鸟声花影皆佳致，留与诗人味百篇。"甘州地方志书说"老子骑青牛人流沙，不知所终。"据说"流沙"就指张掖之北的沙漠。相传，老子避世到东山，见此地林峦奇秀，松柏葱茏，晨云晓露，真乃世外仙山，便隐居于此，后来化作山中巨石。东大山顶至今有老子当年的"谈经宫"，俗称"老君洞"。"甘州八景"之的"流沙仙踪"由此而出。

随着地势抬升，丹霞地貌的神奇面纱逐渐被揭开。到停车场，登上观景台，果然震撼！

图6.9　平山湖丹霞地貌

张掖平山湖大峡谷是迄今为止中国离城市最近的集自然奇观、峡谷探险、地质科考、民族风情、自驾越野等于一体的复合性旅游景区，被《中国地理杂志》及中外知名地质专家和游客誉为"比肩张家界""媲美克罗拉多大峡谷"。大峡谷距今有一亿八百万至两亿四千万年，地质构造属于红层地貌，峡谷多为流水沟壑，以红白和赭红色为主色调。大自然鬼斧神工，将山体镌刻成一幅幅如梦如幻的山水画卷；而且，这个创造过程深得老子《道德经》精髓，无为而为，变化无穷。这种特殊地貌是经过亿万年地壳抬升，大自然风蚀、水蚀和化学溶蚀作用，造成平台型大山或堡垒状小山，其浩瀚气魄，慑人神态，奇突景色，举世无双！游客至此，尽可放松心灵，让想象力尽情飞扬，可以将那些形状各异的山体与曾经见过的山川地理对应，也可以在千变万化的魔幻世界尽情遨游。其独特处，并非仅仅在于丹霞的地貌特征和色彩，更在于东大山在其后背注入深厚的文化内涵，在于农耕文化与游牧文化在交融互动中形成的民族风情。遥想当年，汉朝将士与匈奴在此对峙，商旅往来不绝，很少有人能"偷闲"登临此地，观瞻丹霞！否则，将士会从丹霞中看到壮志凌云的英雄形象，看到坚韧不拔的长城，看到桀骜不驯的猛兽，当然，能看到逐渐平缓、伸向混沌北漠的荒原；而商旅至此呢？大概不会想到琳琅满目的商品，应该是千姿百态、超然淡定的骆驼。是的，骆驼！作为丝绸之路的象征符号，自古以来，骆驼在欧亚大陆各个国家、民族发展和精神生活建构方面都发挥着重要作用。正是骆驼，在漫漫黄沙中踏出了一条绵延数千公里，繁荣古代、惠及今人的丝绸之路；而丝绸之路辉煌的历史也为骆驼塑起一座座伟岸的丰碑。岩画、陶俑、画像砖、壁画、唐三彩中都可以见到骆驼形象。

因此，我更愿意把平山湖丹霞比作行走在蒙汉交界处的伟岸骆驼，一边驮着《道德经》等文化经典，一边驮着丝绸、金属、珍宝等古今中外的物质产品。至于它们的具体形象，还得游客朋友们身临其境，仔细寻找！

六 8月7日，冰沟丹霞

8月7日，是阴天，向南望，祁连山影影绰绰，与天空一色。冰沟丹霞与七彩丹霞就在肃南祁连山中。出发时，微雨飘飘，凉风习习。溯黎园河而上，两边地貌已呈奇形怪状。其实河两边方圆百平方公里都有丹霞地貌，七彩丹霞以色彩艳丽闻名，冰沟丹霞则以形状奇崛取胜。省道与黎园河并行。由此向南，过肃南县城，大都麻垭口可通青海，也是条穿越祁连山的通道，最高处海拔超过4 000米。

冰沟丹霞景区就在路边。换乘电瓶车，进峡谷，到大、小西天分界处小广场舍车步行，沿人工铺就的台阶，移步换景，欣赏大自然鬼斧神工的杰作。人们通过想象，自然而然把它们的形神与骆驼、乌龟、蟒蛇、老鹰等动物联系起来，而更多的、更奇特的造型让人"理屈词穷"，感叹自然之广博、浩瀚，若搬出绘图本《山海经》对照，或许能看到那些千奇百怪神兽的原型，为之震撼，为之感动。走几步，升高几阶，换了高度和视角，再观望，它们的形态与气象又变为陌生动物，极富魔幻色彩，追求新奇的艺术家，创造奇异形象的动漫影视界人士到此采风，必有感触。心情繁累的尘世众生，身临其境，不知不觉会卸下千种纠结万种烦恼。丹霞山在形成中或分离出单幅作品，或肢体相连，共蕴连翩主题。因山岩之雄，之硬，之

图6.10　冰沟丹霞

威风，之坚毅，人们更多联想到古代战将及与之相关的多情女子。肃南县主要生活着裕固族，于是，有些景点也被赋予民族特色。

到达海拔超过 2 000 米的最高处，一览众山小，而那些似兽似禽似人似神的诸多丹霞山石又换了乐章，不约而同，排列组合得如此协调！四周山岭起伏，如巨涛叠涌。更远处，祁连雪峰逶迤环绕天边，康乐草原也呈现出世外桃源的诗意与恬静。清人张潮说：文章是案头之山水，山水是大地之文章。信然！

大西天在东南的一条沟里，乘观光车行约十分钟，步行上山。这里最具特色的地貌，是宫殿形前。中国古典建筑歇山顶，飞檐斗拱太精巧，难以表达。或者丹霞亿万年前造型过程中，也有过亭台楼阁的奇妙组合，只是在风蚀雨涮中磨去棱角，变得浑朴厚重，更接近石头建筑神韵，于是被命名为卢浮宫。我倒觉得像布达拉宫，那些交错连接沟底与山腰的羊肠小道，不正是朝圣之路？

细雨伴我游赏。丹霞山，因气候、光线不同而在四季呈现不同景致，尤其是色彩的绚丽。每个人只能领略某一个时段的美丽，只是大海之一滴！弱水三千，只取一瓢。但这一瓢，也是独有，独具特色的。是为此，也就乐陶陶，感思天地造化了！

之后，到黎园口，穿过一道山，眼前呈现辽阔的山前滩地。天然古战场！不久，到临泽。雨大如注。黎园河流过，临泽境内称大沙河，被县里改造成人工湖。

博物馆里一件月氏人项链与齐家极似。

龙城大道从何说起？草原文化的青铜饰件很有特色。后据赵万钧说，临泽北边有大、小拉口通巴丹吉林沙漠。

夏天的黑河　　冬天的黑河

图6.11　黑河

　　顺黑河而下，到高台。新博物馆5月份开馆，增加很多文物，尤其是画像砖，内容更多！魏晋风度，风俗，栩栩如生，活灵活现！如此近距离靠近古人，略有不适！

　　张掖得黑河滋养，农业发达。中国很多蔬菜、瓜果、调料、香料都从西亚、欧洲辗转传来，张掖是最主要通道。但记载这方面的文献资料少之又少，学者们只能考证出各类农作物、经济作物名称在汉语文书中最早出现的大概时间。我推测，向东方传播这些东西的主体应该是胡商，他们长年累月奔波在丝绸之路中国段各大主干道、支线及其连接的城镇，因为生活习惯差异，不适应"五谷杂粮"的单调生活，便将家乡农作物种子带到异国他乡的土地上播种。这个过程应该有很多生动细节，并串联了很多有趣故事。那些并不忙碌的先辈们没有记载下来，实在遗憾。《敦煌遗书》中有两首店铺叫卖口号，是世界"市声叫卖文学之祖"，兜售物品中有来自南国的槟榔果，价值很大。可以设想一下，当菠菜、胡萝卜、西瓜等首次传入中国或引种成功时，有好事者详细报道传播者、相关背景及新生农产品生长的地域、状态，而那些第一手资料若有幸传世，那该多有意义。

当时，人们的时间都去了哪里？他们为什么不做百年、千年以后才能显现出文化价值的事情？

可以推测，由祁连山滋养的河西走廊绿洲，曾经就是农作物的试验地带。中国最早的小麦就发现在张掖民乐东灰山。前天，有朋友说张掖黑水国遗址中考古发现的小麦，又能提早上百年。由此可以肯定，在汉武帝修筑长城、大规模移民垦荒之前，河西走廊并不完全是游牧地，那时候，应该有来自祁连山的一部分羌人从事种植业。高台魏晋壁画墓中出土的画像砖，就有羌族农民形象，以此入画，说明羌人从事种植很普遍。

把菠菜、萝卜的来龙去脉搞清楚，也就给还原丝绸之路文化提供了生动的细节。可是，那永远只是一个梦想了。或许，我们只能对着茫茫戈壁在心底发问：最早的菠菜啊，你来自何方？

又想到另一个问题：汉武帝之前，祁连山南北生活的羌人属于什么部落？曾请教西北民族大学多识教授，他认为，这一带羌人主体是名为"dang"的部落。党项、敦煌为该名称不同翻译。敦煌是古羌语的英译！可补充前人关于敦煌名称来源的多种说法。

七 8月8日,正义峡,盐池,通往肩水烽火台

8月8日上午,赵万钧陪同我前往沙门口。车过黑河,一直往北走。地势抬高,进了低矮石山丘陵间的谷地。这是通往额济纳旗的路。山口处,一道较陡的坡,沙子从北面吹来,沉积于背风处,费一番工夫,车过了。山岭豁口处,向北望,开阔辽远。对面是大青山,山之北,为海森楚鲁。

这是河西走廊通往居延海的重要山口。

清风不停地吹,瘦硬坚韧。

与赵万钧登上山岭,向南北两边遥望。临泽有板桥,乃是当年骆驼客渡河处,高台并无记载。据说固原出土文物,有建康军飞桥人记载,不知是否与渡黑河有关。

返回高台博物馆,等待寇克红馆长时,又细细看一遍文物,然后与他议定明年宣传事。

10:30出发,再过黑河桥,穿越合黎乡,沿黑河北岸县路西行,途中见到黑泉乡十坝村中的胡杨树。时而可见沙丘、烽火台和古城墙。天城古城两段残墙犹在。

过黑泉、罗城、天城,到黑河入合黎山处。

合黎山又名要涂山、羌谷,《禹贡》:"导弱水至于合黎",《括地志》:"合黎山,亦名兰门山。晋隆安五年,北凉沮渠蒙逊欲图段业,约其兄男成同祭兰门山。"从名称变化可以透射出历代各民族的统治更迭。合黎山海拔1 380～2 278米,山北是腾格里沙漠、巴丹吉林沙漠;山南与祁连山遥对,两山之间是河西走廊。据传合黎山是古代昆仑山、上古燧人氏观测星象、拜祭上天的三大处所之一(另两处分别为湟中拉脊山、六

盘山)。燧人弇兹氏发明编织结绳,织皮卉服,合黎山开天辟地,结绳纪历,以合黎山为渐台辟雍,立挺木方牙,仰观北斗九星,以织女星为北天极极星,以日月遮蔽为太阳回归年周期,创立日月大山天齐昆仑文明。

燧人氏是三皇之首,传说甚多,但与河西走廊、合黎山、黑河相连,则表明这里在史前文化发展中也占有很重要的地位。以前人们把所有动物都叫作"虫",燧人氏则划分为四类:天上飞的称作"禽",地上跑的称作"兽",有脚的爬行动物称作"虫",没脚的爬行动物称作"豸"。他还有"钻木取火"、"燧石取火"、大山扶木纪历、创立"氏族图腾徽铭制"、大山榑木太阳历等十项发明。

据传说,燧人弇兹氏有三大分支:大鵹(li),少鵹和青鸟。弇兹合雄氏以玄鸟为图腾,其三大族系合称"三柯氏",也称三青鸟氏。他们以燧人弇兹为始祖,尊称他为"伊萨姆",或"伊萨姆那",各分支的首领则称"耶劳"。玄女部大鵹柯乌耶劳居住在合黎山南弱水(今甘肃张掖市北),其族属又称魁隗氏,分支甚广。其中一支沿弱水向北迁徙,以居延海、焉支山(又名燕然山,即杭爱山)为基地向外延伸,散布于贝加尔湖支流的色楞格河、鄂尔浑河、额尔古纳河(黑龙江上源)。一支沿阿尔泰山北麓西迁至东欧。一支由弱水西迁至阿尔泰山南麓乌伦古湖,沿伊犁河、阿拉套山进入准噶尔盆地和塔里木盆地。须女部少鵹柯诺耶劳居住在合黎山南弱水流域的方雷泽(在今山东省菏泽市),分衍出方雷支的盘古支,居于古浪(今甘肃武威市古浪县)。其分支东迁至西海之东贺兰山,北跃阴山入燕然山、贝加尔湖,与柯约耶劳支会合;另一支由阴山向东进入滦河流域及东北平原;一支由六盘水进入北洛水,与柯约耶劳环江部为邻。柯约耶劳后世为张姓,在挪得建有张国(今甘

图6.12　正义峡

肃张掖市）；另有一支，后来被赐封为杨姓，于环江上游建元城（又作玄城）。

站在酷热的合黎山口，真有"念天地之悠悠"的寂寥沧桑感。正义峡两边山顶都有烽火台，且向黑河边延伸。历史上，匈奴人就从这里进入河西，所以，中原王朝将此峡命名为"镇异峡"，匈奴与汉朝军队在此长时间对峙。后来，才改为今名。

2009年7月4日上午，我和刘炘等人从瓜州出发，中午抵达高台县。在高台大湖湾与县广播电视局\电视台的朋友盛文宏（高台县广播电视局局长）等聚谈。那是首次到达高台，没想到，高台境内有这么大的天然湖泊——总共有23个。每天四月，天鹅经过，晚霞孤影，美不胜收。天鹅飞走后，青蛙开始活动，它们永远也见不着面，所以，"癞蛤蟆想吃天鹅肉"永远都是梦想。之后，沿黑河流向，经过罗城、天城及明长城，进入合黎山正义峡中黑河浇灌的一片绿洲。有位"村姑"名叫蔡文卉，2008年大学毕业，在祁连山一所小学任教，月工资600元。暑假，她帮助母亲来干农活，从天城村坐毛驴车一小时，到此劳动。我们离开时，蔡文卉的母亲非要将杏子带上。她们很开心。考察后我们前往山丹，路上拍摄到壮丽的晚霞。

那次考察路线正好与我本次前往瓜州的路线相反。

看看时间，已近12点，天气闷热。我们对着合黎山上的烽火台吃甜瓜，一只鹰在峡谷上空翱翔。黑河水少得可怜，由此穿过，便成流向居延的弱水。其地流传，临泽、高台一带曾为湖泊，大禹凿开合黎山。又说老子问道广成子于北崆峒，不遇，遂到鸡头山。合黎山之黑山，为其问道处。

罗城乡农民种植小西瓜，机器加工，去瓤取籽。还有一种老番瓜，也去肉取籽。遇两处作业地，一是黑河边湿地，一是戈壁滩中沙坑，机声隆隆，场面颇为壮观。酷暑如烤，劳作辛苦！但沤烂腐化的瓜肉异常难闻。

从罗城乡政府过桥，到黑河南岸，向西行。这是214道。古老丝绸之路，也走此，就近村庄。现今高速，312道，均取直线。沿途仍见烽火台。一带湿地，延伸很远。直到明塘湖水库，路边多红柳，有的还在开花。西行一阵，湿地逐渐减少。过盐池村，荒滩中显出一片盐湖及堆积如山的盐。记得寇馆长曾说有盐道遗址经过地埂坡，明清时取盐，必在此处。盐池北部荒原，烽火台连成一线，似守卫盐池。其后，辽阔荒原中只有烽火台与几处废弃的现代工厂。后来，临近公路，有双丰烽火台，编号1～5，石碑显示通往肩水金关！此次，与那著名遗址擦肩而过了！据汉简显示，该关当年甚为繁忙，出入关之商旅络绎不绝，具体到人马数及饲料供应情况。

之后一路驰骋，穿过城墙般高山，便到了高高的台地上，眼前出现黛色绿洲。汽车下山，呈俯冲状，可见我们行走在山畔！

图6.13　金塔境内的烽火台

下午两点多，到金塔县城，住进航天宾馆。

8月9日清晨，吃碗羊肉粉汤，便去看展览。金塔博物馆讲解员阎艳早早开门迎候，两个活泼可爱的孩子快乐如蝴蝶，绕着大人飞。金塔史前文物中，多石器，一件玉铲呈浅黄色，或为马鬃山玉料，另一件是彩玉，可能出自阿拉善。彩陶以马厂为最多。其中一件双耳素陶罐，显然是齐家的。金塔在汉朝曾设会水县，当时的行政中心在黑河与北大河等水系汇合处，与著名的军事管理机构肩水金关相距不远。其地考古始于中瑞西北考察团，贝格曼在此发现汉简。斯文·赫定在其大作《亚洲探险八年》中详细记录这一代活动情况，经常提到毛目（清雍正十三年（1735年）始设毛目城（又称高台分县），1913年由高台析置立为毛目县。1928年改为鼎新县，治所在金塔县城东北鼎新镇），明水，马鬃山等地名。居延汉简史料珍贵，书法也很有特色。

肩水金关位于金塔县城东北151公里、地湾城约2公里处黑河东岸的砾石戈壁滩上，为汉代边塞关城，据学者考察，现存遗址关门为6.5米×5米的两座长方形楼橹残壁，最高1.12米，厚1.2米，楼橹中间门道宽5米。两侧壁脚各残存四根半嵌于墙内的排叉柱。楼橹外筑土坯关墙。坞在关门西南侧，坞墙系夯土筑成，厚70～80厘米，残存处最高为70厘米。坞西南角残存烽台和方堡，堡门内有迂回夹道，两侧有住室、灶房、仓库，中有院落。1930年西北科学考察团在此出土汉简850枚；1973年甘肃省居延考古队又掘汉简11 577枚，其他文物1 311件。出土实物有货币、残刀剑、箭、镞、表、转射、积薪、铁工具、铁农具、竹木器械、各类陶器、木器、竹器、漆器、丝麻、毛、衣服、鞋、帽、渔网、网梭以及小麦、大麦、糜、谷、青稞、麻籽等，还有启信、印章、封泥、笔、砚、尺、木板画和麻纸等。

图6.14

　　1973年居延考古队在肩水金关处发掘、出土的汉简中有"肩水金关"字样，据此证实，此处就是汉代的肩水金关遗址。从字面意思理解，肩水就是在弱水的肩膀上：在肩水金关上游，弱水流域较宽，恰似人身子，而到肩水金关处流域变窄，恰似人脖子，而肩水金关正好处在肩膀上。

　　肩水金关是汉朝初年在居延塞防线上设置的唯一关口。河西走廊北侧自东而西横亘着龙首山、合黎山和马鬃山等所谓"北山"，山势低平，有几处豁口，为天然通道。合黎山与马鬃山之间地势开阔，地貌以戈壁、沙漠为主，植被稀少，弱水纵贯南北，汇聚成居延海。弱水东侧巴丹吉林沙漠与西侧北山山脉构成远控大漠、卫戍河西的天然屏障。弱水贯穿其中，成为由蒙古高原到祁连山北麓丰美草地的南北通道，是匈奴与羌人联系的咽喉之地。在秦末汉初，匈奴骑兵逆弱水南上而进入河西走廊。霍去病第二次攻打匈奴也是从这个豁口涉过居延水，迂回西南，直进祁连山，打败匈奴。由此可知，控制弱水两岸就是控制住自漠北而至河西、西域之通道的要冲，封堵河西走廊北部豁口对汉朝意义重大。

为阻止匈奴南进，汉武帝元封二年至三年（前109—前108年）将汉长城从酒泉郡会水县北部张掖郡下辖肩水都尉府—大湾城向西修到敦煌郡龙勒县，同时还修筑肩水金关向北至殄北的居延塞墙，使肩水金关成为进出河西腹地、北通居延地区的咽喉，也成为抵抗漠北匈奴铁骑南侵的重要关口。汉武帝太初三年（前102年）又遣强弩都尉路博德修筑南从镇夷峡（正义峡）口起向北沿黑河东岸毛目东山，经肩水金关至狼心北山再折向西达哈密北山一带长城沿线修筑了关城、烽燧、堡等设施，置官开渠，移民屯垦，时称"居延塞"，形成以肩水金关为中心的北部军事防御体系。其中是居延塞防线上一座重要的烽燧，它矗立在鼎新镇大茨湾村南约7公里黑河西岸高山顶上，与大墩门水库隔河相望，向南与石板墩、兔儿墩相望，向北与大茨湾墩、双树子墩等烽火台遥相呼应，墩墩相连，直至居延。

修筑城堡烽燧的同时，西汉王朝在酒泉郡会水县内设置北部都尉府、东部都尉府；在张掖郡居延县设置肩水都尉府等军事机构，派重兵把守。尤其是肩水都尉所辖居延及会水一带，自漠北战役后，匈奴受汉王朝军事压力不断西迁，酒泉郡面临军事压力日益增大。西汉王朝不断强化这一带防务。起初，汉朝以重兵屯守，太初三年（前102年）汉武帝派李广利征讨大宛,同时又派路博德到居延筑塞,并"益发戍甲卒18万酒泉、张掖北,置居延、休屠以卫酒泉。"(《史记·大宛列传》)。肩水金关就修筑于这一时期,目的在于防止匈奴人从居延道南下袭击酒泉,抄李广利后路。

该地宜农易牧,很快成为西汉边塞一个屯田中心。从这里出土的众多渔网和渔网坠足可以说明这一点。甲渠侯官遗址破城子出土的《侯粟君所责寇恩事》简册,就有甲渠障的侯官粟君雇客民寇恩从居延贩鱼到张掖的记载。这说明,居延地区的水产不但能满足当地的需求,还远销到了河西走廊的张掖、武威和酒泉一带。

设立肩水金关,通过严密防守和严格盘查,有效地割断匈奴人联系。从肩水金关处发掘的诸如通行证之类汉简中可以看出,此类文书非常细,有的简还要写清楚这些人年龄、身高、长相、肤色等,严格地控制着关内外人口流动。

图6.15　肩水金关汉简

居延塞不仅仅为酒泉等郡增添屏障,也是汉军前方基地。这里牢牢控制着深入蒙古大漠最近路线,为西汉王朝以后逐匈奴于大漠以北创造了条件。

肩水金关出土纪年简表明,它从汉武帝太初五年(前100年)设关,到晋武帝太康四年(283年),延续200多年。宣帝本始至光武建武八年这105年间简牍数量最多,内容最为丰富。

2004年,张德芳先生赠我一

套《肩水金关汉简》，收录1973年甘肃居延肩水金关出土的汉简2 500余枚，包括简牍彩色图版、红外线图版和释文，为研究汉代政治、经济、历史、法律、文字等提供第一手资料。我主要作为书法字帖使用。

汉代一对鸳鸯铜牌饰较为鲜见，至今仍有鸳鸯池水库。以汉简铜器为主，彩陶、画像砖、丝织物等为辅，再现两千多年前的人类生活图景。一件棺木盖上绘就的伏羲女娲画，下半身为交缠龙身，有足，与高台、嘉峪关的蛇身不同。这个变化很有意思。金塔与玉门交界处的花海，有一段长城由梭梭木堆构而成。从图片资料看，在沙丘地带，颇有气势。

有个疑问：以木当墙，若匈奴人纵火，岂不很容易烧毁？待考。

唐代文物有三彩，明清以后多瓷器。金塔寺也有很多谜团待解。

八 8月9日，过酒泉、嘉峪关，奔赴瓜州

参观完，出县城，一路难行。过鸳鸯池水库，上到荒原台地上，赫然见对面祁连雪峰壁立半空，异常壮观。

上高速，过酒泉、嘉峪关、玉门等地，疾驰三百多公里，下午一点到瓜州。

沿途戈壁里多见现代元素的风机，生机勃勃。现代化企业、高铁、旅游等为丝绸之路沿线地区经济文化方面带来了巨大变化。我最早到瓜州，是1998年，为创作长篇小说《敦煌拜年祭》进行实地考察。那时候的瓜州还叫安西，老气横秋，处处散发着边塞古城的暮气，令人心情沉重。我们甚至在一个

驿站式的餐馆用餐时，看见对面的田野里有妇女用骆驼耕地，其情景不由得让人想起莫高窟、榆林窟农业耕作内容的壁画。

以后多次到瓜州。每次都有全新感觉。近年，变化更大更快，这不但反映在市容市貌、文化发展、生活水平、现代企业等等方面，也能从老路、废弃站点、餐馆等曾经热闹的地方看出来。以前，丝绸古道保持相对稳定路线，驿站、古城往往使用上百年乃至上千年，文化酝酿得有棱有角，如雅丹；有滋有味，如锁阳。近代，发展提速，一个驿站建立、持续的时间都缩水，变短。就像新闻炒作，成就快，遗忘也快。

这里顺便提一下对金塔影响较大的讨赖河。

2015年新年伊始，与我杂志社同事刘樱、瞿萍往甘肃敦煌西湖国家级自然保护区管理局采访、对接合作项目。之后，参加新华网甘肃频道举办的"兰新高铁（甘肃段）节点城市采风行活动"，从敦煌东返，经瓜州、嘉峪关、高台、张掖、民乐等地。

图6.16　冬天的讨赖河

元月24日上午，参观完嘉峪关关城，前往讨赖河北岸的天下第一墩。讨赖河得名、变化很有趣，也能从一个侧面反映出各民族在历史进程中交替发展的状况。

古代文献《汉书·地理志》记载："呼蚕水出南羌中，东北至会水，入羌谷"。《太平寰宇记》说"呼蚕水一名潜水，俗谓之禄福河，西南自吐谷浑界流入。"唐以前的突厥、匈奴、月氏语称为"托勒水"，与今日裕固族对该河流称呼相同，意为"有树的地方"，汉文音译为多乐水。因其发源于青海祁连山中段讨赖掌，后更名讨赖河。"讨赖"系匈奴语译音，又译"陶勒""托来""讨莱"或"洮赉"等。新疆巡抚、陕甘总督陶模之子陶保廉在《辛卯侍行记》卷五记载："讨来河（或作滔来、滔赖、洮赉）出肃州东南、清水堡正南二百余里、祁连山南铁里甘达饭西麓。导源雪峰，万沟竞注，西流成河，经金佛、永安、红山、东洞诸堡。南山之阳，山内平地曰讨来川（或误称陀罗川），北倚祁连，南阳巴拉素岭……"

"讨赖"匈奴语意为"兔子"。发到微信中，保安族诗人马尚文兄说，保安语也称兔子为"讨赖"，雄兔叫"艾日昆讨赖"，雌兔叫"阿勾讨赖"。我发了喜鹊窝和嘉峪关高铁站，发标签说："高铁站，有喜鹊窝的树。"尚文兄很快翻译成保安语："温德日特埋日乃噢绒，秀德写起海凑够盖日瓦呀。"

这应该是高铁站首次被翻译成保安语。又请教裕固族诗人兰冰，他说裕固语称兔子为"托雷"，与"讨赖"相近。

微信平台真好，可以一边考察，一边进行交流。

易华兄说："讨赖急读就是兔子啊"。此说赢得专门搞语言、语音研究的雒鹏教授的赞许。易华兄为湖南娄底人，我开玩笑说你要读兔，发音就会变成"虎"。

当地人还把讨赖河叫北大河。

匈奴人给这条河取名为讨赖，可能附近活跃着很多兔子，也表明那个时代河床较高，否则，若是现在这样的高深峡谷，兔子要下河喝水，很困难。另外一个佐证是，以前，野牛常常从南山下来喝水。

九 8月12日、13日，羌中道大穿越

10日、11日两天，参加"锁阳城遗址与丝绸之路历史文化学术研讨会学术会"。12日晨，在微雨中向敦煌进发，越走雨越大，南边的乱山子隐罩在云雾中，显出少见的温和秀润。北边的戈壁滩则更像一川烟雨图。到敦煌西湖国家级自然保护区管理局，匆匆与吴三雄、孙志成晤谈工作，即启程向南。

离开敦煌，在G215线上疾驰。这条道路可通阳关、玉门关，不知走多少次。

过戈壁、沙漠，经鸣山子、阿克塞新县城，戈壁逐渐褪去，路边出现散落在簇簇骆驼刺和野草之间的大小石块。遥望烟雾弥漫的当金山口，开始G215线上著名的十八里大坡爬升。这段路程，汽车将从海拔1 680余米处沿笔直道路爬升到海拔2 660米的长草沟，海拔落差竟达1 000多米！

这个阿尔金山中的著名山口魂牵梦萦多少年，此次经过，却下大雨。后来，竟大雾弥漫，看不清两边！

古时从敦煌穿越当金山直通青藏高原。8世纪，吐蕃占领河西，这条路使用频率更高。当时敦煌冻梨深受吐蕃贵族男女喜欢。每年冬天，大量冻梨经此道运往逻娑（拉萨），这条绵长的道路曾被称为"香梨之路"。史料没有记载吐蕃人如何食用冻梨。甘肃民间至今有用炒面（炒熟小麦、青稞、莜麦、豆类等

图6.17 阳关大道

图6.18 当金山口

碾成的面粉)拌西瓜、冻梨食用的习惯,或许为吐蕃人所发明。
2014玉帛之路考察团原计划要穿越当金山,然后沿德令哈一线东返;后来因为临时得知瓜州玉石山的消息,便临时改变路线。2014年、2015年我曾两度远眺阿尔金山、当金山,对阿克塞哈萨克族自治县略有感知。这个县城位于甘、青、新疆三省交界处,东至燕丹与肃北县接壤,北依催木图山与敦煌为邻,南面赛什腾山与青海省毗连,西面芨芨台与新疆戈壁相望,总面积3.3万平方公里。曾经"人迹罕至,飞鸟不驻",但在古代,却因当金山口的独特地理位置,而为历代所重。当金山系蒙语"当根库特勒"的转译词,意为"独山口",在阿尔金山与祁连山相连接处,海拔3 648米,东西长约300公里,南北最宽处35公里,最窄处不足10公里,基本呈东高西低北西走向。当金山层峦叠嶂,山势陡峻,植被稀疏,纵横沟谷切割剧烈,当金山北坡陡峻,南坡相对平缓,地表风化严重,岩体破碎。当金山垭口即便在炎热夏天也被积雪覆盖,是青海西部地区通往河西走廊和新疆要冲,也是丝绸之路南线羌中道的重要隘口,唐朝称为"匈门",历代被看作"青海北大门"。如今,G215(甘肃红柳园—青海格尔木)与S305(当金山口—茫崖)公路由此通过。敦格铁路(敦煌—格尔木)正在修建中。

大雨大雾,汽车开灯在长草沟中前行。就是这条山沟把祁连山与阿尔金山分割开来。根据前人描述,路西侧耸立着阿尔金山山脉东段最高峰——海拔5 798米的阿尔金山,但因为雨雾,一片茫然!

出山,雨虽小了,但天空灰蒙,似飘浮着沙尘。不过,荒原中的道路非常笔直,剑般插向天边。长坡相连,缓缓起伏。右边天际,似悬一片不规则巨大玉斧,那是苏干湖。驰骋许久,连续过两道垭口:青山垭口,3 699米;嗷唠山哑口,3 505。

进入柴达木盆地，两边荒原无边无际，至今可感"南昆仑，北祁连，山下瀚海八百里，八百里瀚海无人烟"的凄凉景象。

到鱼卡，与羌中道主干道交会。鱼卡山上有两座烽火台耸立。

羌中道经湟水流域、青海湖、柴达木盆地，东西横贯青海地区的道路。汉代因地属羌人，故名。羌中道以鲜水海（青海湖）为中心，东至陇西（治今甘肃临洮南），称河湟道；西至鄯善（治今新疆若羌），称婼羌道。屈原《离骚》中有"约黄昏以为期兮，羌中道而改路"的句子，说明这条道路很古老。汉武帝建元二年（前139年），张骞第一次出使西域回归时依傍南山，经于阗（和田）、且末、鄯善，向东南经阿尔金山进入柴达木盆地，欲从羌中道返回长安，在经婼羌至鲜水海一带再次被匈奴所俘。西汉出开河西四郡后，丝绸之路河西通道畅通，羌中道便成为河西通道的辅道，一旦河西通道受阻，羌中道便在沟通中西交通中发挥重要作用。东晋年间，河西走廊因前凉、后凉、北凉、西凉割据，丝绸之路改道青海西去东来。

图6.19　谷羌中道上

鱼卡本来是一种捕鱼工具，用"削卡刀，卡刀"削割水竹竹篾而成：竹篾约五公分，两头削尖，中间削剐成半月状，捕鱼时候，将其两端捏在一起，在其尖端插上用盐水煮的半熟麦子，当鱼吃麦子时，卡弹开，绷住鱼嘴，将其抓住。羌中道由此西行，可通若羌；南行，经当金山进入河西走廊、新疆。这个地方取名为"鱼卡"，是否与地理位置有关？

鱼卡河流经其地。鱼卡河全场118.63公里，源于青海省海西蒙古族藏族自治州大柴旦行政委员会大柴旦镇喀克吐蒙克山，开始南西西流，至马海滩出山区，逐渐转北西西流，经格尔木农场马海分场时河道分流多股，主河槽进入马海渠，出马海渠过小兵营注入宗马海湖。出山口前汇入鱼卡河干流较大支流有哈尔昆德、格奇策尔根、巴嘎拜勒旦尔河、伊克拜勒旦尔河和伊克策尔根河，出山口后，在小兵营有嗷唠河汇入。

鱼卡曾是乡，2005年撤销鱼卡乡，并入柴旦镇。我们过鱼卡、鱼卡河大桥、大柴达木湖，到大柴旦。大柴旦，蒙古语称"伊克柴达木"，意为"大盐湖"，位于青海省西北部，是柴达木盆地的"北大门"，青新（315国道）、柳格（215国道）于此交会。大柴旦历史悠久，早在20 000年前已有人类在这里生息。现在，小柴旦便保留有旧石器文物遗址。

13点40分。我们在大柴旦县用过餐，继续东进。

下午，因为导航错误，我们穿越了德令哈市。德令哈是蒙古语，意为"金色的世界"，是青海省海西蒙古族藏族自治州州府所在地，市区南30公里的尕海湖蕴藏着丰富的天然卤虫资源；市区以西40公里的柯鲁克湖盛产草鱼、鲤鱼、鲫鱼、闸蟹、虾等。境内还有柏树山、黑石山水库、"外星人遗址"、怀头他拉岩画、"褡裢湖"等。

根据资料，怀头他拉岩画位于怀头他拉乡西北约40公里处的哈其切布切沟怀头他拉岩画内。岩画创作时间大约在北朝后期和隋唐时代，表现内容包括动物、人物、狩猎、放牧、植物、舞蹈以及性爱等内容。

德令哈是南丝绸之路主要辅道，也曾是吐谷浑生活地。吐谷浑（285—663），亦称吐浑，是西晋至唐朝时期活动于祁连山脉和黄河上游谷地的一个古代国家，本为辽东鲜卑慕容部的一支，藏族人民称为阿柴。吐谷浑王城——伏俟城又称铁卜加古城，位于青海省海南藏族自治州共和县石乃亥乡以北、菜济河南，东距青海湖约7.5公里。早期吐谷浑人信萨满教，到后来佛教传入吐谷浑。吐谷浑是青藏高原上最早接受佛教文化的民族和国家，也有可能向邻近地区渗透佛教。夸吕可汗曾遣使至梁，求释迦牟尼佛像和佛教经论，获得佛像，及《涅槃经》《般若》《金光明讲疏》等佛经。

2014年7月到西宁考察，参观青海考古研究所，发现很多丝绸之路文物均出自都兰。这次考察本来打算实地踏勘，但由于时间、路途原因，只能遗憾地遥望了。都兰（蒙古语意为"温暖"）地处柴达木盆地东南隅，全境分为汗布达山区和柴达木盆地平原两种地貌类型，戈壁、沙漠、谷地、河湖、丘陵、高原、山地等地形依次分布。都兰历史文化源远流长，从县境东起夏日哈，西至诺木洪200余公里线上分布着近千余座古墓葬和古遗址。截至2013年，从吐蕃墓葬出土130种丝绸品，还出土汉代中原地区制造的漆器、金银器和古罗马金币、波斯银币及来自西亚和中亚的金银器、彩色玻璃珠和铜香水瓶等，这些文物见证了都兰的历史和都兰早期的地位及作用。吐蕃墓群、吐谷浑遗址与自然风景相得益彰，人文景观相映成趣。鲁丝沟唐摩崖石刻气势恢宏，自然形成的岩石人物栩栩如生。著名的香日德班禅行辕隐落于绿洲丛林之中，香火缭绕。境内最大的淡水湖,清澈见底,裸鲤群游。世界罕见的贝壳梁、海虾山印证了亿万年前大海和柴达木盆地的变迁。

原本夜宿德令哈,看看时间尚早,便驰奔乌兰县。

乌兰县位于青海省中部、海西蒙古族藏族自治州和柴达木盆地东部,东邻海南藏族自治州共和县,南与都兰县相连,西接德令哈市,北与天峻县交界。早在周秦时期,乌兰地区就是塞外羌人驻牧地。4世纪初,吐谷浑部迁至青海南部地区,随后向北发展,乌兰地区为吐谷浑属地。元宪宗三年(1253年)起,属吐蕃等处宣尉使司都元帅府管辖。明世宗嘉靖三十八年(1559年),东蒙古俺答汗第三次移牧青海后,不断有成批蒙古人移居青海,乌兰地区蒙古人逐年增加。清雍正元年(1723年),蒙古巴隆部首领从东部牧业区招募汉族农民到乌兰地区进行农耕,并教当地牧民农耕技术。民国十八年(1929年)1月1日,青海建省,乌兰属青海省管辖。湟中、湟源、化隆等地的部分回、土、撒拉族农民,为抗拒蒋介石、马步芳横征暴敛,成批至都兰,形成希里沟、赛什克等小块农业区。

这天朝发瓜州,暮到乌兰,行程超过700公里。乌兰风大,凉爽,似秋天情景。

8月13日,自乌兰出发,经过茶卡盐湖,绕青海湖西南缘。

青海湖又名"措温布",即藏语"青色的海"之意,是中国最大的内陆湖泊,也是中国最大的咸水湖,由祁连山的大通山、日月山与青海南山之间的断层陷落形成。北魏时青海湖周长号称千里,唐代为400公里,清乾隆时减为350公里。在布哈河三角洲前缘约20公里处有古湖堤遗址;距湖东岸25公里处的察汉城(建于汉代)原在湖滨。1908年,俄国人柯兹洛夫推测当时湖面水位3 205米,湖面积为4 800平方公里;2013年8月,青海湖湖区面积为4 337.48平方公里,最长约104公里,最宽约62公里。2014年8月，青海鸟种记录为222种，分属14目35科，主要有斑头雁、棕头鸥、鱼鸥、鸬鹚、凤头潜鸭、赤麻鸭、普通秋沙鸭、鹊鸭、白眼鸭、斑嘴鸭、针尾鸭、大天鹅、蓑羽鹤、黑颈鹤等。

唐建中二年（781年），吐蕃攻陷张掖，张掖太守乐庭环、尚将军及马云奇等要员和幕僚全都被俘。有名的和尚游大德同时被俘。吐蕃将乐庭环、尚将军等软禁在灌水（今临泽县黎园河）上游风景区，马云奇、游大德等押解到青海临蕃（青海西宁西多巴）。他们先被押解到青海湖北面，两年后又转至湟水河畔的临蕃城（西宁西多巴）。根据敦煌藏经洞发现的诗稿，马云奇所走路线是：张掖—扁都口（大斗拔谷）—青海湖北—临蕃。进入大斗拔谷时，写有《至淡河同前之作》："念尔兼辞国，

图6.20　茶卡盐湖

缄愁欲渡河。到来河更阔,应为涕流多。"到达青海湖北部,又写了著名的《白云歌》,第一次用诗歌语言描绘出青海湖的壮丽画卷。到临蕃,他看到同僚成为俘虏,感伤不已,写了《诸公破落官蕃中制作》:"别来心事几悠悠,恨续长波晓夜流。欲知起坐相思意,看取云山一段愁。"他还给旧主写了一首诗《赠乐使君》:"知君桃李遍成蹊,故托乔林此处栖。虽然灌水凌云秀,会有寒鸦夜夜啼!"

看到共和的地名,我想起唐朝在这一带进行的大非川之战。唐总章三年(咸亨元年,670年)四月至八月,在唐与吐蕃的战争中,唐与吐蕃为争夺龟兹、疏勒、于阗、焉耆(库车、喀什、和田、焉耆)四镇,在大非川(今青海共和西南切吉旷原,一说为今青海湖以西的布哈河)作战。切吉旷原位于青海湖南,海拔在4 000米左右,东至碛石军,西至伏罗川,由此往西可至于阗,东北至赤岭,西北至伏俟城,南至乌海、河口,确实乃青海之要津。

663年,名将苏定方刚从朝鲜战场回来就被派到安西,667年死于军中。裴行俭因反对册封武昭仪之事也被调出京城做安西都护,669年调回京都。这段时间,吐蕃与唐朝开始在青海、西域两边较量。吐蕃方面主要竞争对手是论钦陵。论钦陵,全名噶尔·钦陵赞卓,吐蕃大臣、将军,姓薛氏,钦陵兄弟五人皆有才略,兄早亡,弟弟分别为赞婆、悉多、于勃论。他们的家乡在跋布川(又名匹播城),故址在今西藏琼结。《新唐书·吐蕃传》:"其赞普居跋布川或逻娑川。"吐蕃前都城,后迁至逻娑。琼结藏语意为"房角悬起多层",地处喜马拉雅山北坡、西藏南部山南地区、雅鲁藏布江中游南岸的琼结河谷地带,全县地形三面环山。文物古迹众多。那里除了孕育出赞普王族,还有噶氏家族。其中奠基基业者是钦陵之父禄东赞,其

图6.21　青海湖

人"性明毅严重，讲兵训师，雅有节制，吐蕃之并诸羌，雄霸本土，多其谋也。"曾赴长安为松赞干布求亲。650年，松赞干布逝世，芒松芒赞继位，禄东赞摄理政务。667年，禄东赞去世，钦陵掌握朝政。吐蕃语称宰相为论，钦陵实为吐蕃宰相，故史称论钦陵。670年四月，钦陵吐蕃攻陷西域白州等十八个羁縻州，又联合于阗陷龟兹拨换城（今新疆阿克苏），切断唐朝到西北一线以至中亚交通。此前，吐蕃击溃吐谷浑，进逼河湟。唐廷从朝鲜战场调薛仁贵、郭待封征吐蕃。672年四月初九，唐朝以大将军薛仁贵为逻娑道行军大总管，大将军阿史那道真、左卫将军郭待封为其副，领兵5万反击吐蕃军，借护送吐谷浑主回国名义率兵五万征伐吐蕃。唐军出发地点当在鄯州（今青海省

乐都县），薛仁贵率军经鄯州，这年八月，至青海湖南之大非川（今海南州共和县切吉草原）。薛仁贵深知吐蕃军兵多将广，且以逸待劳，唐军须速战速决，方能取胜。而乌海（今喀拉湖）险远，辎重车马不便往行，又易丧失战机，故留郭待封率2万人守护辎重、粮草，令其于大非岭上凭险置栅，构筑工事，使之成为进可攻退可守的前沿阵地。随后，薛仁贵即率主力，轻装奔袭。吐蕃也早有准备，钦陵亲自从安西移部青海，统所部四十万大军驻扎于大非川西南，以逸待劳。两军在河口（今青海玛多）遭遇。吐蕃军大败，伤亡甚众，损失牛羊万余头。薛仁贵乘胜进占乌海城（今海南境之黑海），以待后援。郭待封自恃名将郭孝恪之后，不服薛仁贵管制，擅自率领所有军队辎重向乌海而进,欲争功。中途被钦陵率二十万蕃军截击,郭待封不能抵敌,辎重、粮草尽失。薛仁贵率部急退大非川。钦陵集兵四十万围杀,以绝对优势大败唐军,薛仁贵"与钦陵约和而还"。

此战虽然名为"大非川战役",实际上胜败决于乌海。乌海(托索湖)自古就是青藏高原上交通要道,文成公主入藏就经过这里,这里海拔在4 000米左右。薛仁贵此战已获先机,但郭待封的擅自行动使唐军由胜转败。此战,吐蕃军避实就虚,不与唐军精锐直接交锋,而是断其粮草后,集中优势兵力夺取胜利;而唐军远道出征,且兵力不支,供给不畅,尤其军中将领不和,副将郭待封擅违军令,一意孤行,终陷败局。

大非川之战是唐朝开国以来对外作战中最大的一次失败,吐蕃与大唐分庭抗礼,吐谷浑亦成为吐蕃别部。唐朝被迫撤销四镇建制,安西都护府迁至西州(高昌,今新疆吐鲁番),675年唐重新控制西域安西四镇。

大非川之战后唐军守河源(今青海省东北部)。

唐朝时娄师德曾在西宁、平安、乐都、兰州等地"知营田事"。娄师德(630—699年),字宗仁,郑州原武(今河南原阳)人,早年以进士及第授江都县尉,累次迁官至监察御史。674年,他以文官从军向西讨伐,屡有战功,迁官殿中侍御史兼河源军(今青海乐都西南)司马,知营田事。678年春天,唐高宗以中书令李敬玄替其为洮河道行军大总管、西河镇抚大使、鄯州(乐都)都督,工部尚书、左(一说右)卫大将军刘审礼为洮河道行军司马,统军出击。吐蕃闻讯,以大论噶尔·钦陵督兵严阵以待。七月,双方在龙支(乐都南)交战。九月,李敬玄与工部尚书刘审礼统兵十八万抵青海湖,钦陵率军迎战。唐军前锋部队打败,刘审礼战没,李敬玄"狼狈却走",屯兵承风岭(今拉脊山一带),靠泥沟而守寨。钦陵指挥蕃兵从高岗往下攻打，唐寨岌岌可危。左领军员外黑齿常之率五百人乘夜袭击吐蕃营寨，惊退蕃军，李敬玄才得以率军返回鄯州。唐朝派监察御史娄师德出使吐蕃去讲和，钦陵派弟弟赞婆在赤岭（今日月山）迎接这位唐使，并相约互不相犯。唐高宗迁娄师德为殿中侍御史兼河源军（今青海西宁一带）司马，并知营田事。从此，娄师德成为抗蕃名将。679年二月，芒松芒赞去世，钦陵与芒松芒赞之子器弩悉弄舅父麴萨若拥立器弩悉弄为赞普。680年，吐蕃军进攻河源（青海省东部），被唐将黑齿常之率军击退。黑齿常之经略河源，广置烽戍七十余所，开屯田五千余顷，战守有备。681年，论赞婆率军3万屯良非川，河源军经略大使黑齿常之率3 000骑兵在良非川（共和西南）大败吐蕃军。682年五月，噶尔·钦陵率众进犯柘（州治在今四川黑水南）、松、翼（州治在今四川黑水东）等州。十月，入寇河源军（唐朝驻军之一，军治在青海西宁附近），娄师德率兵进行反击，双方在白水涧（青海湟源南）相遇，唐军八战八捷。娄师德受封为比部员外郎、左骁卫郎将、河源军经略副使，与河源军经略大使黑齿常之在河源一带共御吐蕃。690年，升为左金吾将军、检校丰州都督，仍旧知营田事，他主管营田十余年，积谷数百万斛，得武则天嘉奖。692年，拜夏官（兵部）侍郎判尚书事。次年同中书门下平章事。不久，武则天又任其为河源、积石（今青海贵德西部）、怀远（今地不详）等地军队及河、兰、鄯、廓等州（兰州以西、青海湟源以东地带）的检校营田大使。后又内迁秋官（刑部）尚书，转左肃政台（即御史台）御史大夫。696年，钦陵同弟弟赞婆统兵在素罗汗山（今洮州一带）遭遇前来征伐的唐军。开战前，唐军统师王孝杰曾致书钦陵，并赠以粟米、蔓菁籽各一袋，书信声称："吐蕃之军旅如虎成群，如牦牛列队，所计之数吾亦相当。谚云：量颅缝帽，量足缝靴。……

天降霹雳，轰击岩石，岩石再大岂能相比？"钦陵复信答道："小鸟虽众，为一鹰隼之食物；游鱼虽多，为一水獭之食物。麋鹿角虽多，岂能取胜；牛角虽短，却能取胜。松树生长百年，一斧足以伐倒；江河纵然宽阔，一撅之革舟即可渡过。青稞稻米长满大坝之上，却入于一盘水磨之中。星斗布满天空，一轮红日之光，使之黯然失色。一星焰火足以烧光高山深谷之所有果木树林；一股泉水源头爆发山洪，足以冲走所有坝上的果木树林。满地土块之中，若使一石滚动，请观此一石破碎，还是巨大土块破碎？……你们之军旅实如湖上之蝇群，为数虽多，不便于指挥，与山头云烟相似，对于人无足轻重也。吾之军丁岂不是犹如一把镰刀割刈众草乎？牦牛虽大，以一箭之微，射之难道不能致死乎？……"双方交战，唐军大败，王孝杰被免为庶民，娄师德被贬为原州员外司马。697年，娄师德复官为同凤阁鸾台平章事。698年，迁陇右诸军大使，仍检校河西营田。次年，官为天兵军副大总管，依旧充陇右诸军大使，专掌招抚吐蕃事。699年八月卒于会州（今甘肃靖远）。

698年九月，唐朝右武卫胄曹参军郭元振随吐蕃使者到吐蕃，钦陵提出讲和条件，即唐朝撤去安西四镇的戍兵，并以突厥十姓之地（今新疆境内）辖属于吐蕃。郭元振没有答应。钦陵兄弟在吐蕃执政数十年，权倾当朝。赞普器弩悉弄欲收回国事大权。699年二月，赞普与大臣论岩乘钦陵在外之机捕杀其亲党两千余人，并召钦陵兄弟来朝。钦陵举兵抗命。赞普讨伐，是年冬，论钦陵兵败后在宗喀地方（今青海黄河流域）自杀，左右殉死者数百人，吐蕃历史上贵族专政的局面也随之结束。赞婆于同年四月率部千余人降唐，钦陵子噶·论弓仁也率吐谷浑七千余帐降唐。武则天亲自接见他们，羽林军飞骑郊外迎接，并赐宴武威殿。唐朝还赐予铁券，赞婆被授以辅国大将军、行右卫大将军,封归德郡王,所辖军队被安置在凉州洪源谷(甘肃古浪县西,邻近青海海北州);论弓仁颇受重用,当年即到唐蕃争战前线"以论家世恩"劝说吐蕃军队数千人放下武器,避免恶战。以后,因突厥等部扰唐,朝廷遣论弓仁率军平乱,战果辉煌,历有升迁。707年被受封为朔方军前锋游弈使,708年再任左骁骑将军。717年兼归德州都督。720年由本卫大将军改任朔方节度副大使。论弓仁戎马倥偬,历仕武后、中宗、睿宗至玄宗四朝,勋业彪炳,名震朝野。723年病逝,唐廷追赠其为"拨川郡王"。

唐玄宗时期,唐朝在东边将战线推到青海湖以西,在西北将吐蕃赶出大小勃律,从东到西北压制吐蕃,吐蕃赞普向唐玄宗求和。唐在河陇战场上已占明显优势。在西域战场,唐军在高仙芝、封常清率领下,也是捷报频传,唐在对吐蕃的战争中取得了全面胜利。

如今,青海湖南边人潮涌动,熙熙攘攘,难以见到古代战场的萧索景象。我们沿着青海湖边的道路走许久,逐渐离开向

图6.22　倒淌河

东行进。

　　忽然，大雨骤至。在倒淌河镇上高速行驶。倒淌河发源于日月山西麓察汗草原，海拔约3 300米，全长约40多公里，"天下河水皆向东，唯有此溪向西流"，它自东向西，流入青海湖仔湖——耳海（俗称小湖），故名倒淌河。藏语称"柔莫涌"，意思是令人羡慕喜爱的地方。它是青海湖水系中最小的一支，不仅河流蜿蜒曲折，而且河水清澈见底。倒淌河原来也是一条东流的河，它和布哈河、罗汉堂河一起注入黄河，由于地壳变动，日月山隆起，它才折头向西注入青海湖，成为一条倒淌河。

　　接着，冒雨翻过日月山。日月山坐落在青海省湟源县西南40公里，为祁连山支脉，西北一东南走向，长90公里，宽10～15公里，青藏公路通过的日月山口为海拔3 520米，平均

图6.23　日月山

海拔4 000米左右，最高峰阿勒大湾山海拔4 877米，是青海湖东部的天然水坝。顶部由第三纪紫色砂岩组成而呈红色，因此古时称"赤岭"，藏语叫日月山为"尼玛达哇"，蒙古语称"纳喇萨喇"，都是太阳和月亮之意。日月山是我国季风区与非季风区的分界线，地处黄土高原与青藏高原的叠合区，是农耕文明与游牧文明的天然分界线，历来是内地赴西藏大道的咽喉。早在汉、魏、晋以至隋、唐等朝代，都是中原王朝辖区的前哨和屏障。故有"西海屏风""草原门户"之称。北魏明帝神龟元年（420年），僧人宋云自洛阳西行天竺求经，就是取道日月山。据说文成公主从长安乘坐马拉轿车进藏时才16岁，再往西去道路崎岖不平，只能骑马，文成公主便在此休息并学习骑马，停留大约两个月。日月山还是唐朝与吐蕃的分界。公元7世纪，以松赞干布为首的吐蕃雅隆部落兼并其他部落后在逻娑（拉萨）建立吐蕃王朝，与唐王朝以赤岭为界。

古代历史上农牧区交接地带有许多互市，赤岭互市较著名。唐武德二年（619年），青海东部地区设鄯州（治今乐都碾伯）、廓州（治今化隆群科）置刺史。次年，唐与吐谷浑达成互市协议，互市设在承风戍（今拉脊山口）。开元二十一年（733年），唐与吐蕃定点在赤岭互市，以一缣易一马。青海是重要产马地，青海湖岸边有辽阔天然牧场和肥沃良田，古代就是马、牛、羊等牲畜的重要产地。青海湖一带所产的马在春秋战国时代就很出名，当时被称为"秦马"。《诗经》曾描写过"秦马"的雄壮和善驰。隋唐时期这里产的马与"乌孙马""汗血马"交配改良，发展成为独具特色的良马，以神骏善驰、能征惯战而驰名。吐谷浑人培育的"青海骢"在唐代仍驰名于世，产于黄南、海南等地的"河曲马"也闻名于世。唐肃宗以后开展"茶马互市"，青海大批马牛被交换到内地；内地茶、丝绢等同时也交换到牧区。明后期至清初，互市地点增有镇海堡、多巴、白塔儿（今大通老城关）等。清平定罗卜藏丹津叛乱后，对互市严格控制，规定只准每年2月、8月在日月山进行互市交易，并派军队弹压。后来将日月山互市地点移至丹噶尔（湟源县），日期也放宽。丹噶尔互市是日月山互市的继续，很快成为"汉土回民远近番人及蒙古人往来交易之所"，嘉庆、道光之际，商业尤其繁盛。清《丹噶尔厅志》记载丹地市场"青海、西藏番货云集，内地各省商客辐辏，每年进口货价至百二十万两之多"，成为当时西北地区显赫的民族贸易的重镇。

接着就翻越湟水谷地。日月山西侧草原辽阔，牛羊成群，是一幅塞外景色；东侧阡陌良田，一派塞上江南风光。

经过多巴时，见河谷开阔，高楼林立，起初误以为到了西宁。多巴位于湟中县城鲁沙尔北部，西宁一民和盆地西部，湟水河中上游地段。镇域东西长约25公里，南北宽约6公里，是青海省著名的高原小镇。多巴藏语意为"三岔路口"，是牧区、农区交会处，是通往青南地区和西藏地区的咽喉地带，历代为军事要地，曾出现过大量货栈、当铺和车马店等服务设施。当初吐蕃在这里设临蕃大牢专门关押唐朝俘虏，大概也是考虑到了地理特征。

行车几小时，经过西宁、平安、乐都、民和、海石湾、红古等地，19点多到达兰州。

此次考察全部行程4 000多公里。